U0274975

『通古察今』系列丛书

陶寺观象台与文明起源

武家璧 著

河南人民出版社

图书在版编目(CIP)数据

陶寺观象台与文明起源 / 武家璧著. — 郑州 ：河南人民出版社, 2019. 12

("通古察今"系列丛书)

ISBN 978 – 7 – 215 – 12108 – 9

Ⅰ. ①陶… Ⅱ. ①武… Ⅲ. ①古天文台 – 襄汾县 – 文集 Ⅳ. ①P112. 2 – 53

中国版本图书馆 CIP 数据核字(2019)第 273188 号

河南人民出版社 出版发行

(地址:郑州市郑东新区祥盛街 27 号 邮政编码:450016 电话:65788072)

新华书店经销　　　　河南新华印刷集团有限公司印刷

开本　787 毫米×1092 毫米　　　1/32　　　印张　7.5

字数　101 千字

2019 年 12 月第 1 版　　　　2019 年 12 月第 1 次印刷

定价：58.00 元

序　言

在北京师范大学的百余年发展历程中，历史学科始终占有重要地位。经过几代人的不懈努力，今天的北京师范大学历史学院业已成为史学研究的重要基地，是国家首批博士学位一级学科授予权单位，拥有国家重点学科、博士后流动站、教育部人文社会科学重点研究基地等一系列学术平台，综合实力居全国高校历史学科前列。目前被列入国家一流大学一流学科建设行列，正在向世界一流学科迈进。在教学方面，历史学院的课程改革、教材编纂、教书育人，都取得了显著的成绩，曾荣获国家教学改革成果一等奖。在科学研究方面，同样取得了令人瞩目的成就，在出版了由白寿彝教授任总主编、被学术界誉为"20世纪中国史学的压轴之作"的多卷本《中国通史》后，一批底蕴深厚、质量高超的学术论著相继问世，如八卷本《中国文化发展史》、二十卷本"中国古代社会和政治研究丛书"、三卷本《清代理学史》、五卷本《历史文化认同与中国统一多民族国家》、二十三卷本《陈垣全集》，以及《历史视野下的中华民族精神》《中西古代历史、史学与理论比较研究》《上博简〈诗论〉研究》等，这些著作皆声誉卓著，在学界产生较大影响，得到同行普遍好评。

除上述著作外，历史学院的教师们潜心学术，以探索精神攻关，又陆续取得了众多具有原创性的成果，在历史学各分支学科的研究上连创佳绩，始终处在学科前沿。为了集中展示历史学院的这些探索性成果，我们组织编写了这套"通古察今"系列丛书。丛书所收著作多以问题为导向，集中解决古今中外历史上值得关注的重要学术问题，篇幅虽小，然问题意识明显，学术视野尤为开阔。希冀它的出版，在促进北京师范大学历史学科更好发展的同时，为学术界乃至全社会贡献一批真正立得住的学术佳作。

当然，作为探索性的系列丛书，不成熟乃至疏漏之处在所难免，还望学界同人不吝赐教。

北京师范大学历史学院

北京师范大学史学理论与史学史研究中心

北京师范大学"通古察今"系列丛书编辑委员会

2019 年 1 月

目　录

前　言

　　新石期时代晚期的陶寺文化分布在山西南部的临汾盆地，是一个特色鲜明、分布地区较小的地方考古学文化。龙山时代的许多考古学文化，其发展规模、持续时间、传播范围等都远远超过陶寺文化，然而都尚未跨进文明的门坎就先后衰落了，唯有陶寺文化最早进入文明时代。迄今为止没有哪一个新石期时代的考古学文化能够像陶寺文化那样具备诸多文明要素，诸如城址，青铜器，文字，宫殿，王陵（高级贵族墓葬），成套礼器组合，成套乐器，手工业区，大型仓储，祭祀区和观象台，等等，不一而足。陶寺文化进入文明时代已成为学术界的共识，当之无愧地成为中华文明的源头活水。

　　为什么在晋南一隅产生了中国最早的文明呢？很

难说生产力的进步在这一过程中起了决定性作用，因为少量出现的青铜器仅用于礼器、装饰品和小型工具，主要生产工具仍然处在石器时代。通过考古发现，我们看到陶寺城址拥有成熟的文字、发达的礼乐文化、宏伟的观象台建筑等，可以判断推动陶寺文化进入文明时代的主要力量，不是物质生产，而是先进文化和精神文明成就。

《尚书·尧典》记载尧帝时代的天文学十分发达，而天文历法被认为是政权的某种象征。例如尧帝禅位于舜帝时说："咨尔舜！天之历数在尔躬。"（《论语·尧曰》）而在举行禅让典礼时，尧帝要把天文仪器亲自授给舜帝："正月上日，受终于文祖，在璿玑玉衡，以齐七政。"（《尚书·尧典》）因此作为尧都的标志性建筑，陶寺观象台遗迹的发现是证实尧都的重要依据。观象台对于这座掩埋数千年后重见天日的华夏古都而言，具有无可比拟的重要意义。由于观象台的重要性，它必须建筑在城址的适当位置，甚至影响到整个城市的结构和布局。考古调查勘探发现陶寺古城基本上呈正方形，但城墙四边并不与正东西方向及正南北方向平行，而是恰好偏转45°。也就是说陶寺城址的两条对角线正好与正东西向及正南北向重合。我们可以说陶寺城址的方向，为（中轴线）北偏西45°，或者说东偏南45°。城址的中轴线并非正南—北向，而是东南—西北向，即"中轴线"与"指极线"分离（相差45°），这是陶寺古城的显著特征。对于这一特点的形成，我们的解释是：（一）观象台是冬至祭天的场所，而冬至是由日出方向测定的，故此观象台必须面向日出方向——东南隅。（二）观象台位于最重要的位置——城中地势最高的中轴线南端，附着于城墙，因而决定了城墙的走向，致使这段城墙为东北—西南走向，以与东南—西北向的中轴线相垂直。（三）建立"中轴线"，确定"指极线"，在形式上完成了"建中立极"的架构，象征统治中心的确立。由此可以看出观象台在陶寺城址中的重要地位，它的存在对整个城市的结构布局产生重要影响。

陶寺城址的东面是塔儿山，观象台位于东南城墙外、朝向塔儿山的一个倒栽坡上。塔儿山古名"崇山"，《山海经》记载"尧葬于崇山"，《国语》记载"昔夏之兴也，融降于崇山"。崇山以西、以南就是晋国的始封地"河汾之东方百里"，这一带古称"大夏"，上古分布着唐国、实沈、台骀等古国。崇山既是日出之山——晋山，也是神降之山——绛（降）山。"晋"字，甲骨文写着日字上有两个倒矢形，倒矢为至；小篆从日从臸，表示《山海经》所言"一日方至，一日方出"的情形。晋国的始祖唐叔虞最初封在崇山之西的古唐国，其子燮父徙居崇山之南的"晋水"旁，故改国号为晋国。绛（降）山原是天神祝融降下之地，晋国迁都后将旧都称为"故绛"，新都称为"新绛"，即源自"融降于崇山"。

崇山所降之神为祝融，新绛所降之神为实沈、台骀。实沈是祀守参星的星辰之主，台骀相传为汾水之神。古唐国继承了实沈的天文传统和台骀的治水经验。这些祀守山川和日月星辰的神国，自订历法，政令不一，尧帝造观象台、璇玑玉衡，测四仲中星，统一"七政"，极大地促进了神权向统一王国的转化。神权时代君权世袭，尧舜禅让既打破了君权世袭的旧传统，同时加强了君权神授的合法性。观象台是"建中立极"的象征，观测天象是窥测"天命"的途径，"历数"是"天命"的载体，尧舜"禅让"还举行了盛大的天文仪器交接仪式，象征着虞舜接受了"天命"和政权。总之观象台是君权神授的标志，在文明起源过程中发挥了重要作用。

陶寺观象台新论

【内容提要】"中轴线"与"指极线"分离是陶寺古城的显著特征。根据结构功能的相似性，用晚期意义明确的纹饰类比早期纹饰，发现仰韶时代已能"辨方正位"，而含山玉版图案隐含"日出东隅"的思想。陶寺文化继承已有的知识技能，具备建造观象台的基础。观象台是冬至祭天的场所，必须面向"日出东南隅"的方向。它位于城中地势最高的中轴线南端，附着于城墙，因而决定了城墙的走向。曚影时刻的冬至"日出"被认为在"东南隅"。应用知识考古学方法，发现陶寺观象台及古城的方向，透露出"日出东隅"的思想观念，这一观念甚至可追溯至仰韶时代，使我们从精神文化层面，对中国古老文明的起源有了更多的认识。

【关键词】陶寺观象台　中轴线　指极线　日出曚影

　　山西临汾市襄汾县发现的新石器时代晚期陶寺古城是陶寺文化中期兴建的一处具有都城性质的城址，目前学术界倾向认为它就是尧帝时代的都城。据《尚书·尧典》记载，尧帝时代的天文学十分发达，而天文历法被认为是政权的某种象征，例如尧帝禅位于舜帝时说"咨尔舜！天之历数在尔躬"（《论语·尧曰》）。而在举行禅让典礼时，尧帝要把天文仪器亲自授给舜帝："正月上日，受终于文祖，在璿玑玉衡，以齐七政。"（《尚书·尧典》）因此作为尧都的标志性建筑，陶寺观象台遗迹的发现是证实尧都的重要依据。观象台对于这座掩埋数千年后重见天日的华夏古都而言，具有无可比拟的重要意义，略论如下。

一

由于观象台的重要性，它必须建筑在城址的适当位置，甚至影响到整个城市的布局和结构。考古调查勘探发现陶寺古城基本上呈正方形，但城墙四边并不与正东西方向及正南北方向平行，而是恰好偏转45°。也就是说，陶寺城址的两条对角线正好与正东西向及正南北向重合。我们可以说陶寺城址的方向，为（中轴线）北偏西45°，或者说东偏南45°。这绝不是偶然的巧合，一定有某种必然性隐藏在其中，我们必须给予解释。

《考古》2007年第4期发表了由主持发掘者何驽先生执笔撰写的陶寺观象台遗迹发掘简报[1]，公布了一张《陶寺遗址平面图》，该图用一条正南北方向的基线和一条正东西方向的基线相互交叉，把整个遗址划分为四个象限，在控制范围内分别编号为四

[1] 中国社会科学院考古研究所山西队、山西省考古研究所、临汾市文物局：《山西襄汾县陶寺中期城址大型建筑Ⅱ FJT1 基址 2004—2005 年发掘简报》，《考古》2007 年第 4 期。

个区（Ⅰ区、Ⅱ区、Ⅲ区、Ⅳ区）。这种划分，表面上是为了叙述方便和控制发掘，但实际上与城址的结构布局紧密相关，因为其南北向基线正好指向北城角，东西向基线正好指向东城角，这样就使得"象限中心点"正好与整个城址的中心重合。十分巧合的是，中心点恰好位于赵王沟与中梁沟两大冲沟的分叉点之上，没有被几千年雨水冲洗崩塌而毁于冲沟之中。是否在城址中心部位有夯筑严实的基址阻止了其崩塌，值得考古工作者予以关注。

　　陶寺观象台遗迹位于Ⅱ区之中，Ⅱ区是边长相等的正方形，从图中一望可知，观象台位于Ⅱ区的对角线上（图1虚线所示）。也就是说，站在城址的中心点上向远处望去，观象台正好位于正东南方向上，即东偏南45°，或南偏东45°方向上。换句话说，观象台位于陶寺古城的中轴线上，具体位置在中轴线与东南城墙的交点上。中轴线与城墙的交点，就是城区中轴线的端点，这是一个非常明显的特征位置，商周以后的城市一般以此为整个城市的正大门，但陶寺古城却将这个显要位置让给了观象台。这个结果也许是当初考古工作者在确定基线、划分区域时没有预见到的，但绝不是偶然的巧合。这个显而易见的事实必定有某种观念隐藏在其中，我们也应该给予合理的解释。

二

兴建一座都城，首先考虑的是方向。《周礼》开宗明义说"惟王建国，辨方正位，体国经野，设官分职，以为民极"。这里的"国"指的国都或者都城，建都城首先要辨正方位，至少要确立四方和四隅八个方位，其次是踏勘和划定城区（国）和郊区（野），再次就是设立官职，为民立极。前两者实际上是技术性事务，后者才是政治事务。但古人并不这样认为，他们认为定方位与为民"立极"是一体的，技术活动是政治活动的基础。例如郑众（司农）对"辨方正位"注解说"别四方，正君臣之位，君南面、臣北面之属"。郑玄对"以为民极"注解说"极，中也。令天下之人，各得其中，不失其所"。

在技术层面上通过"辨方正位"可以解决两个问题：一个是"立极"，确立北极方向，从一个基点指向天空中的北极星，引向大地就是正北方向，在城区中央画出这条线就是"指极线";第二个是"建中",确立城市的中心,过中心作城墙的垂线,就是城市的中轴线。这样会产生两条基线,即"指极线"和"中轴线"。自商周以来,中国古代都城形成了以中轴线为基线"前朝后市、左祖右社"对称分布的基本格局,其"指极线"和"中轴线"是合二为一的。但陶寺古城的"指极线"和"中轴线"是分离的,它们都以城市中心为基点,"极线"指向北极,"中线"指向观象台,两者之间的夹角为45°(图1)。

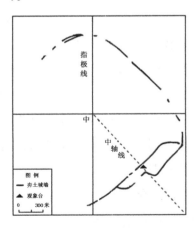

图1 陶寺古城的"指极线"与"中轴线"

"辨方正位"解决了"建中立极"等大方向的问题。

而"体国经野"就是框定城墙的范围，把城区（国）与郊区（野）分别开来，这样普通老百姓包括在野的乡村民众就有了可以归附的中心。因此类似于"辨方正位""建中立极"这些比较单纯技术性的天文大地测量活动，被统治阶级和民众赋予了浓厚的政治和宗教意义。

通过"辨方正位""体国经野""建中立极"等一系列活动之后，再来考察陶寺古城的整体布局，我们吃惊地发现，观象台位于城区"中轴线"的南端，处在地势的最高位置，正面东南，朝向塔儿山；背向西北，俯瞰全城。而城址的北角，则落在"指极线"的北端。"中轴线"与"指极线"的分离，是这座城市的显著特征；正是因为观象台附着于城墙，这才决定了城墙的走向。

三

上文关于"辨方正位"的解释是我们从《周礼》的记载中得到的，《周礼》传说为周公所制定，由孔子删定为经典，相距尧帝时代已晚了千余年，那么新石器时代是否能够"辨方正位"呢？答案是肯定的。我们来看仰韶时代的彩陶图案，就可以找到答案。

图 2 半坡彩陶盆上的"个"字纹与"四正四维"

在仰韶文化半坡遗址出土的彩陶盆的口沿上，可以看到将圆周分为八等份的图案 [1]，表示"四方""四隅"。"四方"用条纹或一组条纹表示，"四隅"用"个"字纹表示。人面鱼纹彩陶盆，用"二子不相见""两鱼不相遇"表示"四正"方向，图案单元对应置于条纹之下。四羊纹彩陶盆，用"四羊角逐"表示"四维"方向，图案单元对应置于"个"纹之下。用羊角指代"角隅"，用鱼表示"遇"的谐音。"二子不相见"的故事见于文献记载，《左传·昭公元年》：

---

[1] 中国科学考古研究所、陕西省西安半坡博物馆：《西安半坡——原始氏族公社聚落遗址》，考古学专刊丁种第十四号，文物出版社，1963 年。西安半坡博物馆：《西安半坡》，文物出版社，1982 年。

"昔高辛氏有二子，伯曰阏伯，季曰实沈，居于旷林，不相能也，日寻干戈，以相征讨。后帝不臧，迁阏伯于商丘，主辰，商人是因，故辰为商星。迁实沈于大夏，主参，唐人是因……故参为晋星。"

这就是著名的"参商两耀"不相见的故事。在彩陶上连接表示正方向的条纹，作为地平线，那么当其中一个人面升出地平线时，另一人面正好没入地平线。正如唐诗有云"人生不相见，动如参与商"。由此可知，半坡人面鱼纹彩陶盆的图案表现的是天象，用天象来表示大地方位是传统习惯做法，例如汉代的"四象"表示，左（东）青龙、右（西）白虎、前（南）朱雀、后（北）玄武，就是从仰韶文化最初的"四方纹"演变而来的。虽然这一演变过程的中间环节还不清楚，但用天象表示方位的传统是不变的。

用"个"字纹表示方位，还见于其他考古学文化，例如安徽蚌埠双墩新石器时代遗址出土陶器刻画符号就有明显的例子（图 3）[1]。其中一块圆形陶片上可见明显的八分方位，表示"四正四维"方向，其中"个"字纹则异化成连弧状。十分诡异的是，有一个正线方向与其相邻的维线方向，共用一个大连弧，我们推测这一维线方向应该是东南向，大概与文献记载的"地不满东南"的传说故事有关。《淮南子·天文训》：

> "昔者，共工与颛顼争为帝，怒而触不周之山，天柱折，地维绝。天倾西北，故日月星辰移焉；地不满东南，故水潦尘埃归焉。"

双墩刻画陶纹"四正四维"图案的中间有一个圆圈，八大方向汇聚于一点，表示大地的中央。本来汇聚点应该位于中间圆的正中心才是合理的，但事实上汇聚点明显偏向一侧。如果以跨连正维两线的"大连弧"为东南向，则汇聚中心在中间圆范围内明显偏向西北方向（图 3）。这正好符合"天倾西北""地不满东

---

[1] 安徽省文物考古研究所、蚌埠市博物馆：《蚌埠双墩——新石器时代遗址发掘报告》，科学出版社，2008 年。

南"的神话传说。陶寺古城的中轴线朝向"西北—东南"方向，可能也是受到了这一传说故事的影响。

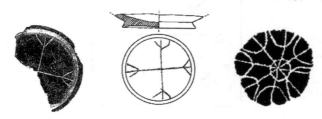

图 3　蚌埠双墩遗址陶器刻画符号

用"个"字纹表示四维或四隅的做法，一直延续到秦汉时期还可在文物中见到，文献又称之为"四钩"。《淮南子·天文训》"子午、卯酉为二绳，丑寅、辰巳、未申、戌亥为四钩。东北为报德之维也，西南为背羊之维，东南为常羊之维，西北为蹄通之维"。"二绳四钩"表示"四正四维"方位，称为"八纲"。"二绳四钩"体系见于安徽省阜阳县双古堆西汉汝阴侯夏侯灶墓出土"太一九宫占"地盘的背面（图 4）[1]，由"四钩"加维线形成的"个"字纹赫然可见。

[1]　安徽省文物工作队：《阜阳双古堆西汉汝阴侯墓发掘简报》，《文物》1978 年第 8 期。

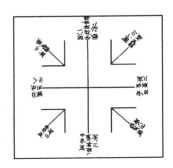

图 4　汝阴侯墓占盘背面

通常"四钩"小型化，加维线就是"个"字，去维线还原为钩形，见于秦汉式盘、"博局纹"铜镜以及日晷等出土文物上（图 5）。

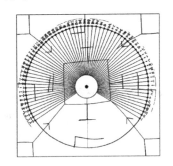

图 5　日晷、铜镜上的"个"字纹与"四钩"

用"个"字表示方位的界线也见于文献记载。《说文》"箇或作个，半竹也"。《史记·货殖传》"竹竿万个"。

《正义》引《释名》"竹曰个"。意思是说两"个"字加在一起是"竹"字，所以"个"就是砍断的半根竹竿。竖立竹竿就可以作为某一界线，故"个"与"介"相通，"介"就是"界"字，《说文》段《注》说"介、界古今字"。《尚书·秦誓》"若有一介臣"。《礼记·大学》作"一个臣"。《左传·襄公八年》"一介行李"，即一个行李。成语有"一介武夫""一介书生"，都是指"一个"。

　　在礼制建筑"明堂太庙"中，"个"指四面偏室。如《礼记·月令》"孟春……天子居青阳左个"，"季春……居右个"。郑玄《注》"明堂旁舍也"。兹将《月令》记载的天子十二月所居"四庙八个"列举如下：

　　　　孟春之月……天子居青阳左个；

　　　　仲春之月……天子居青阳大庙；

　　　　季春之月……天子居青阳右个；

　　　　孟夏之月……天子居明堂左个；

　　　　仲夏之月……天子居明堂太庙；

　　　　季夏之月……天子居明堂右个；

　　　　孟秋之月……天子居总章左个；

　　　　仲秋之月……天子居总章大庙；

季秋之月……天子居总章右个；

孟冬之月……天子居玄堂左个；

仲冬之月……天子居玄堂大庙；

季冬之月……天子居玄堂右个。

根据上面的文字叙述，可画出两种"四庙八个"建筑平面图：

其一，在"四维八纲"和中央上各建一庙，是为"九宫图"（图6）；

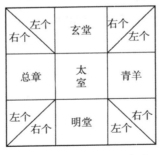

图6 "四庙八个"九宫图

其二，以天子每月居一宫而定"明堂位"，是为"十二居室图"（图7）。

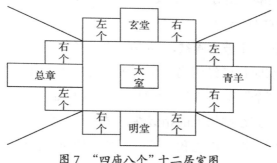

图7 "四庙八个"十二居室图

不管哪个示意图更符合原意，作为四正方向分界线的"个"总是位于角隅的位置上，这与描绘在仰韶文化半坡彩陶盆口沿上的"个"字纹是一脉相承的。"四庙八个"是为天子举行月祭告朔之礼、祭祀日神月将而建造的，与天文历法密切相关，这在先秦两汉时期是非常重要的政治宗教活动。

总之，从仰韶文化彩陶盆的"个"字纹，到先秦两汉时期"明堂太庙"中的"个"室，作为正方位之间的界划，"个"的这一基本语义没有变化，一般用来表示角隅。站在陶寺古城的中央指向正北的"极线"，与两边城墙构成"个"字，表示城址的一个角隅。不过由于陶寺古城的"中线"和"极线"分离，其"正面"

和"角隅"相对于"中极合一"的古城来说，相差"半个"方向（45°）。

依据半坡彩陶盆，"正方"和"角隅"的概念至迟在仰韶时代已经明确。我们从晚期社会中意义比较明确的"个"室和"个"字纹，上推至仰韶时代的"个"字纹，其在结构上的相似性，显示它们在功能上具有某种同一性。因之我们可以判断，仰韶时代已经获得有关"辨方正位"的知识和能力。上文所提到的"参商不相见"以及"共工怒触不周山"的传说故事，分别系于帝喾高辛氏和颛顼高阳氏时期，也就是古史传说时代的"五帝时期"的前期，与考古学上的仰韶时代也是比较符合的。"二子"故事是对天象成因的一种解释，"天地倾斜"的故事则是对地形成因的一种解释，都属于"创世记"之类的神话。面对同样的天空和大地，每个早期民族都可能有自己的认识和解释，我们不必拘泥于具体的人和事，但可以相信这类神话实际上是某种天文地理知识的载体，反映了当时人们的世界观和认识能力所能达到的一定高度。陶寺古城朝向"西北—东南"方向，应该是那个时代的天文地理知识大背景的产物。

尧舜时代是"五帝时期"的后期，对前期已经发明创造的方位观念和测量系统应该是熟悉的。尧帝考察舜帝，很重要的一项就是考验他对方向的判断能力。《尚书·尧典》载"（尧）乃命（舜）以位……纳于大麓，烈风雷雨弗迷"。《淮南子·泰族训》作"（舜）既入大麓，烈风雷雨而不迷"。《史记·五帝本纪》载"尧使舜入山林川泽，暴风雷雨，舜行不迷"。舜帝是在接受了这种几近残酷的野外生存考验后，才登上帝位的。

关于测量"四正四维"方位的技术和方法，《周礼·考工记》和《周髀算经》记载了利用日出入晷影测定正东西和正南北向的方法，《淮南子·天文训》记载了利用日出入方位测定正东西向的方法[1]，"正东西"又称为"正朝夕"。《考工记》还提出了"昼参诸日中之影，夜考之极星"的方法。《周髀算经》还记载了利用"北极璇玑四游"测定北天极的方法[2]等。文献记载虽然晚出，但这些经验和知识的获得要早上千甚至数千年，

---

[1] 李鉴澄：《晷仪——现存我国最古老的天文仪器之一》，《科技史文集》（第一辑），上海科技出版社，1978年。

[2] 钱宝琮：《盖天说源流考》，《钱宝琮科学史论文选集》，科学出版社，1983年。

否则我们没法解释半坡彩陶盆口沿上规整的方位指示纹饰。陶寺城址在日出方向上有塔儿山挡住了地平线，故此不能用"正朝夕"的方法测定方位。"日中之影"最短并指向南方，但误差较大，只能作为参考。故此用"引绳希望"观测北极星的方法，是陶寺先民最有可能采用，而且最简单可靠的定位方法，《周髀算经》（卷下之一）载：

> "立八尺表，以绳系表颠，希望北极中大星，引绳计地而识之。"

大约在公元前三四千年时，有一颗比较明亮的四等星——右枢星（天龙座 α）位于北天极附近，是肉眼能直接看见最靠近北极点的恒星，到了公元前 10 世纪左右北天极的位置移到另一颗更为明亮的二等星——帝星（北极二，小熊座 β）附近[1]。因此右枢星是陶寺文化时期的北极星。当年的陶寺人可能就是用"昼参日影，夜考极星"的方法来测定大地方位的。这

---

[1] 中国天文学史整理研究小组：《中国天文学史》，科学出版社，1981年，第53页。

在今天看来，属于天文大地测量的方法，测得的结果必定是天文大地子午方向，因此我们看不到陶寺古城存在"磁偏角"的可能。

总之，我们从知识考古学的角度可以证明，尧帝时代已经具备了建造观象台必需的观念、知识和技术系统，考古发现与文献传说互相印证，陶寺文化所处的发展阶段是完全有水平和能力建造大型观象台的。

四

天文大地的"四正四维"方位是唯一的、确定不移的，不会因人而异。每一个具体的城址也有自己的"四正四维"，但只有中轴线指向正北的城址才与天文大地方向一致。陶寺古城的方向正好相反，城址的四面相当于大地的四维方向，城址的四维则相当于大地的四正方向。导致这一反常现象的根本原因还是由于观象台，因为观象台是要举行冬至祭天典礼的场所，"迎日"活动是祭天典礼的核心内容，而冬至"日出"方向在传统观念上一直认为在东南隅，观象台附着于城墙，那么城墙必须正面朝向东南方向，才有利于"迎日"祭祀活动的进行。

关于"日出"方向，文献记载主要有：《淮南子·天文训》：

> "日冬至，日出东南维，入西南维。至春、秋分，日出东中，入西中。夏至出东北维，入西北维。至则正南。"

《论衡·说日篇》：

> "今案察五月之时，日出于寅，入于戌……岁二月八月时，日出正东，日入正西……今夏日长之时，日出于东北，入于西北；冬日短之时，日出东南，入于西南；冬与夏日之出入，在于四隅。"

《周髀算经》（卷下之三）：

> "冬至昼极短，日出辰而入申，阳照三，不覆九……夏至昼极长，日出寅而入戌，阳照九，不覆三。"

按《周髀》之法，将大地平分为子（正北）、丑、寅、卯（正东）等十二方位，夏至日出于"寅初"入于"戌末"合于"阳照九、不覆三"，冬至日出于"辰末"入于"申初"合于"阳照三、不覆九"，这两个数据是等价的。据此不难算出冬至日出在东偏南45°、日入在西偏南45°，夏至日出在东偏北45°、日入在西偏北45°，即正好在地平方位的"四维"上。

然而上述理想模式可能只是观念上的东西，因为按照"日出入四维"的数据，依据球面天文学公式，计算其实际观测地纬度（天顶距含蒙气差、太阳视差在内，取 $Z = 90.85°$，太阳赤纬 $\delta = -\varepsilon$，取战国晚期黄赤交角 $\varepsilon = 23.73°$）：

$$\sin Z \sin A = \cos\delta \sin t$$

$$\cos t = -\mathrm{tg}\varphi\,\mathrm{tg}\delta$$

得到"冬至日出东南维"的可观测地纬度（φ）为北纬56.5°，约当今西伯利亚的贝加尔湖以北、勒拿河上游地区，我国先秦时代的天文观测不大可能到达这一地区[1]。

---

[1] 武家璧：《从出土文物看战国时期的天文历法成就》，《古代文明》（第2卷），文物出版社，2003年，第258—259页。

问题出在对"日出"概念的理解上。《论衡·調时篇》说：

"一日之中，分为十二时，平旦寅，日出卯也。"

这里实际上有两个"日出"概念，前者是"平旦日出"，是人眼不可见的；后者是"可见日出"。在古文字中"旦"字是一个会意字，上面一个"日"表示太阳，下面一横表示地平线，两个符号合在一起表示太阳刚刚从地平线上升起。屈原《天问》：

"角宿未旦，灵耀安藏？"

意思是问：当太阳宿于角隅、还未见从地平线上升起之前，它的光芒收藏在哪里呢？此问有利于我们理解"平旦日出"的概念：当人们看到太阳曙光、还没有看到太阳之前，太阳已经从地下升起了，但由于距离太远，我们只能看到它的光芒而看不到太阳本身。

《周髀算经》说"人望所见远近，宜如日光所照"。即谓"日光所照"的范围有限，"人望所见"的范围也是如此，当人距离太阳太远时，只能看见日光而不能望见太阳。古人认为只要能看到日光就说明太阳已经出地了，就是"平旦寅"时；只是我们不能从人眼所见的地平线上看到它；当人眼开始看到太阳时就是"日出卯"时。《淮南子·天文训》载：

> "日出于旸谷，浴于咸池，拂于扶桑，是谓晨明。登于扶桑，爰始将行……至于虞渊，是谓黄昏，至于蒙谷，是谓定昏。日入于虞渊之汜，曙于蒙谷之浦…禹以为朝、昼、昏、夜。"

屈原《天问》"出自汤谷，次于蒙汜；自明及晦，所行几里？"也表达了相同的意思。所以"平旦寅"就是传说中的"日出旸谷"，"日出卯"就是传说中的"日出扶桑"。上文所提到的"晨明""黄昏"大致相当于现代天文学中的"民用曚影"时刻，"平旦""定昏"大致相当于现代天文学中的"天文曚影"时刻[1]。

神话传说与科学假说的区别是明显的，《周髀算

---

[1] 中国天文学史整理研究小组：《中国天文学史》，科学出版社，1981年，第117页。

经》的假说模型设定日出入方位是移动的，春秋分在正东西，冬夏至在四隅。虽然"日出入四隅"不能观测证实，但考虑到曚影的存在，这样的假设还是合理的。《淮南子》的传说故事则描述"日出"地点在"旸谷"，日入地点在"蒙谷"，除此之外，别无它途，至于"旸谷"是在正东方，还是在东南隅，就没有必要深究了。

<h1 style="text-align:center">五</h1>

秦汉日晷可用来测日出入方位。将日晷水平放置，晷针垂直竖立在中央圆心，晷影扫过的区域刻画放射条纹，其阴影区段的圆弧相当于现代天文学中的"地平夜弧"，空白区段的圆弧相当于"地平昼弧"；由于日晷水平放置，其昼、夜弧均为地平经差。其空白区就是《周髀算经》所说的"阳照"区，阴影区就是《周髀算经》所说的"不覆"区。冬至昼弧（空白区）最短，夜弧（阴影区）最长，日晷放射条纹必须反映这一极值。为了表示曚影时刻，秦汉日晷的表面实际有两组"日出入"线。以"日出"线为例：

第一组"日出"线，是"日出卯"时的准线：在圆周上用百刻制分划出69条辐射线，表示"阳照"不及的阴影区，则"日晷1线"表示冬至日出线，"日晷69线"表示冬至日入线（图8）。空白区的冬至昼弧等于32刻，阴影区的冬至夜弧等于68刻。

第二组"日出"线，是"平旦寅"时的准线：在日晷外樗上连接四隅的有四条维线，又在晷面上用"四钩"明显标出"四维"所在，则东南维是"日出旸谷"线，西南维是"日入蒙谷"线（图8）。其地平昼弧的长度等于一个直角，化为百刻制就是25刻。

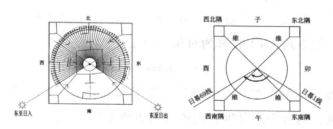

图8　日晷的冬至"日出入"线

若按第一组"日出"线计算其观测地纬度（同前），得到日晷测制地的地理纬度 $\varphi = 42.9°$，其纬度位置约当今燕山以北的内蒙古高原地区，大约是先秦时期中原王朝所能控制和影响的北部边界，也是当时的天文官所能到达的范围。

两组"日出"线之间的夹角（地平角），化为时角等于曚影时刻。于是有，"日晷1线"与东南维之间的夹角，就是平旦曚影时段的地平经差；"日晷69线"与西南维之间的夹角就是黄昏曚影时段的地平经差。两者在数值上相等，中国古代称之为"昏长"或者"昏时"，根据两维夹角及日晷1至69线交角，可以计算其地平经差：

$$昏长 ＝（32–25）/2 ＝ 3.5（刻）$$

将百刻制换算成360°制，得3.5刻＝12.6°。依据球面天文学公式（参数取值同前：Z=90.85°，δ=–23.73°），将地平角（A）化算为时角（t）：

$$\sin Z \sin A = \cos \delta \sin t$$

得到地平经差（A）3.5刻，等于漏刻的时角（t）3.8刻，约合今55分钟。用古人的思维来解释，就是说，在冬至日出前55分钟，太阳位于东南角，我们看不到它，但已从旸谷日出。

文献记载"昏长"为三刻。《尚书·考灵曜》、蔡邕《月令章句》、郑玄《仪礼》注，及《文选·新漏刻铭》注引《五经要义》，均记日出前三刻为旦

（始），日入后三刻为昏（终）。刘向《五经要义》并云"或秦之遗法，汉代施用"。可知昏旦三刻为先秦及秦汉时期的普适规定。它与日晷隐含的矇影时长 3.8 刻，相差仅 0.8 刻，约合今 12 分钟，应该说是比较接近的。

类似有两组冬至"日出入"线的例子，还见于安徽含山凌家滩新石器时代遗址出土的玉版图案上。矩形玉版中画一大圆，在八分圭叶纹之间加入八道放射线，把大圆十六等分，而大圆外指向四隅的圭叶纹则位于十六分弧段的中点上，亦即三十二等分大圆的节点上（图9）。有了观察日晷的经验，我们很容易看出含山玉版与秦汉日晷具有相似的结构和功能[1]。值得指出的是，玉版下侧看似多余的两个小圆孔，实际位于两维的指向上，可能暗示昏终、旦始时刻太阳位于两维的位置。含山玉版的例子说明在陶寺文化以前，先民们就已经具有了"日出入四隅"的观念。

---

[1] 武家璧:《含山玉版上的天文准线》,《东南文化》2006 年第 2 期。

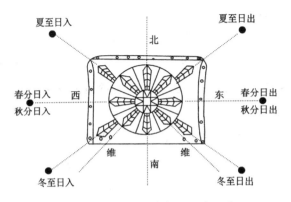

图 9　含山玉版上的冬至日出入线

　　至于太阳的实际位置，理论上自矇影时刻到日出时刻地平昼弧呈现由大变小的趋势，夏至的矇影时刻，日出入两维，然后向夹角（夜弧）张大的趋势发展；冬至情况相反，矇影时刻的日出入夹角（昼弧）远大于两维，日出入时刻的夹角（昼弧）仍然大于两维，只有当太阳出入地平线约 3.8 刻（漏刻）之后，其对应的昼弧才缩小至两维。也就是说，在夏至的旦始昏终时刻，太阳实际位于东北维及东南维附近；但在冬至的旦始或昏终时刻，太阳的实际位置并不在东南维或西南维附近。"日出入四隅"的观点，是将适合夏至天象的理论，推广到冬至的结果。

前文已述日晷的"四勾"与半坡彩陶的"个"字纹一脉相承。含山玉版和秦汉日晷的布局证实了"日出入四隅"的观念根深蒂固，流传数千年没有改变。陶寺先民们要在冬至举行祭天大典，他们一定相信这一天的平旦"日出"在东南隅，也就是屈原《天问》所说的"角宿未旦"——这里的"角"就是指的"东南角"。为了隆重迎接"日出旸谷"，尧都的天文学家必须将祭天坛场——观象台，对准"日出"方向，连带地观象台的附着主体——城墙，也就只能正面面对东南方了。

六

陶寺文化重视对太阳的观测，是由来有自的。考古发现陶寺早期大墓中有很多罐、盆的肩腹部，用鲜红的颜色涂画几个圆巴，呈三圆或四圆对称分布，因为彩绘在灰黑陶上，十分显眼（图10）。这种

图10　陶寺早期"太阳纹"罐

33

现象在其他考古学文化中未之尝闻，我们认为这就是太阳纹。几个太阳图像的对称分布，意在显示不同时节太阳在天盖上的位置，这正是历法用以观象授时的依据。

古人不能想象太阳从地底下穿越而过的情形，认为天与地是分开的，互相平行，永不相交；没有"天梯"，巫师就不能上天，神仙也不能下凡。太阳只在天盖上运行，不会掉到地面、海中，更不会钻到地底下去；之所以人眼看到太阳从地平线以下升起，是因为距离我们太远，超出"人所望见"的范围，从而造成"日出"的错觉。可能正是基于这样的理念，陶寺文化罐盆上的太阳纹并没有上下排布，而是呈水平状对称分布。这可以说是最早的"盖天说"宇宙观的萌芽。

这种太阳纹陶罐的时代是陶寺文化早期，观象台及城址的时代是陶寺文化中期，二者在时代上虽然不同步，但后者显然继承了前者对太阳的观测，并且上升到一个新的高度。

研究表明，"日出东南隅"，是古人对冬至曚影时刻的太阳位置的一种估计，不一定准确，但也并非完全没有道理，这是起源时期科学知识的共同特征。因此，我们完全能够理解大量文献关于"日出入四隅"的记载，具有某种合理性。

陶寺古城的选址，应该是首先确定观象台地点，以此找到大地的东南—西北维，作为城址的中轴线；继而在中轴线上确定城市的中心，由中心"引绳希望"北极星，确定指极线；然后"体国经野"，框定城市的范围。于是，城墙的北角落在指极线上，观象台位于中轴线的南端。如此操作的目的，就是要使城墙和观象台正面朝向东南隅，以保证冬至祭天迎接"日出"。因此，观象台是陶寺古城最重要的建筑，它的存在决定了整个城址的结构和布局，也是这个城市的鲜明特色，及其享有高度文明的象征。

综上所述，陶寺观象台的发现以及陶寺古城的方向，较早地透露出"日出东隅"的思想观念，这一观念甚至可能追溯至更早的仰韶时代，使我们在精神文化的层面，对中国古老文明的起源有了更多的认识。

（原载于《帝尧之都中国之源：尧文化暨德廉思想研讨会文集》，中国社会科学出版社，2015年，第149—168页）

陶寺观象台与文明起源探讨

【内容提要】陶寺古城是尧都，晋国始封地"河汾之东方百里"，上古分布着唐、实沈、台骀等神守之国。崇山既是日出之山——晋山，也是神降之山——降山。晋都以水得名"晋"，以山得名"降"（绛）。崇山所降之神为祝融，新绛所降之神为实沈、台骀。古唐国继承了实沈的天文传统和台骀的治水经验。陶寺观象台有"分至观测缝"，新发现"火正观测缝"用于观测大火星，证明《尧典》"历象日月星辰"为信史。尧都主要防水，为便于观测冬至日出置于崇山之北，并使古城中轴线指向东南。唐尧居神国同盟之首称"帝"，各祀守山川和日月星辰之主的神国，自定历法，政令不一，尧帝造观象台、璇玑玉衡，测四仲中星，统一"七政"，极大地促进了"神圣同盟"向统一王国转化。北极出现极星，春分点在昂宿，为《尧典》创始"中星""日在"合一的赤道体系创造了契机。神权时代君权世袭，尧舜禅让实行君权神授，君权由神权向王权转化。观象台是"建中立极"的象征，观测天象是窥测"天命"的途径，"历数"是"天命"的载体，因此"禅让"举行了天文仪器交接仪式，象征虞舜接受了"天命"和政权。观象台是君权神授的标志，在文明起源中发挥了重要作用。

【**关键词**】陶寺古城　唐尧　实沈　台骀　观象台璇玑玉衡　四仲中星　尧舜禅让　君权神授　文明起源

陶寺文化分布在山西的临汾盆地，是一个特色鲜明、分布地区较小的考古学地方文化。仰韶和龙山时代的许多考古学文化，其发展规模、持续时间、传播范围等，都远远超过陶寺文化，然而都尚未跨进文明的门坎就先后衰落了，唯有陶寺文化最早进入文明时代，当之无愧地成为中华文明的源头活水。"尧天舜日"至今成为人们对那个文明昌盛时代的美好记忆。一个弱小的文化，凭借文明的力量，引领了时代的先声，开创了历史的新局，其中必定隐含着某种必然性。陶寺文化的创造者一定顺应了某种大的趋势和时代潮流，才成为挺进文明的先锋，值得我们认真思考和深入研究。

一

　　陶寺文化进入文明时代已成为学术界的共识。迄今为止没有哪一个新石期时代的考古学文化能够像陶寺文化那样具备诸多文明要素，诸如城址，青铜器，文字，宫殿，高级贵族墓葬（王陵），成套礼器组合，成套乐器，手工业区，大型仓储，祭祀区和观象台，等等，不一而足。学术界倾向认为陶寺文化就是唐尧创造的考古学文化，陶寺古城就是尧都[1]。为什么是在

[1] 王文清：《陶寺遗存可能是陶唐氏文化遗存》，《华夏文明》（第一辑），北京大学出版社，1987年。王克林：《陶寺文化与唐尧、虞舜——论华夏文明的起源（上）》，《文物世界》2001年第1期。王克林：《陶寺文化与唐尧、虞舜——论华夏文明的起源（下）》，《文物世界》2001年第2期。黄石林：《陶寺遗址乃尧至禹都论》，《文物世界》2001年第6期。王克林：《再论陶寺文化与唐尧》，《中国史前考古学研究——祝贺石兴邦先生考古半世纪暨八秩华诞文集》，三秦出版社，2004年。王巍：《尧都平阳正在走出传说时代成为信史》；李伯谦：《陶寺就是尧都　值得我们骄傲》；王震中：《陶寺与尧都：中国早期国家的典型》；梁星彭：《陶寺城址——我国尧舜禹时代进入文明社会的标志》；何驽：《陶寺考古：尧舜"中国"之都探微》等，均见《帝尧之都中国之源——尧文化暨德廉思想研讨会论文集》，中国社会科学出版社，2015年。

这个地区集大成于一邑，产生了中国最早的文明呢？

首先，地理环境具有重要作用。临汾盆地是山西地堑系中的新生代断陷盆地之一，北起灵石县的韩侯岭，南至"绛山—峨眉岭—稷王山"一带与运城盆地隔开，东界"太岳—中条山"，西临吕梁山，长约200公里，宽约20—25公里，面积约为5000平方公里左右。盆地海拔600米左右，新生代地层厚约800米，第四纪沉积物达465米。因受构造控制——峨眉岭的阻挡而转向西，直至黄河谷地。盆地呈反相"L"形，汾河从中纵贯而过，四周山前黄土地貌发育，洪积扇宽大，冲积平原宽广，土地肥沃，自古以来是农业生产的理想家园，在这里孕育中国最古老的文明具有得天独厚的优势。

地理环境为文明的诞生提供了自然条件，但不是决定性的因素。人类和环境的互动，社会与文化的进步才具有决定性意义。我们从晚期的文献记载中追寻历史的遗韵，似乎可以得到一些启示。我们先从晋国说起。《史记·晋世家》：

　　武王崩，成王立，唐有乱，周公诛灭唐。成王与叔虞戏，削桐叶为珪以与叔虞，曰："以此封若。"

史佚因请择日立叔虞。成王曰："吾与之戏耳。"史佚曰："天子无戏言。言则史书之，礼成之，乐歌之。"于是遂封叔虞于唐。唐在河、汾之东，方百里，故曰唐叔虞。姓姬氏，字子于。唐叔子燮，是为晋侯。

《正义》引徐才《宗国都城记》云"唐叔虞之子燮父徙居晋水傍"。又引《毛诗谱》云"叔虞子燮父以尧墟南有晋水，改曰晋侯"。可知晋国的始封地全盘继承了古唐国的地盘，在"河汾之东方百里"。应该是在今绛山（主峰紫金山）以北、临汾以南、汾河以东，浍河与沁河分水岭以西的地区，包括崇山以南的侯马盆地（今侯马、曲沃、翼城三县市），和崇山以北的临汾盆地南部地区。

《易经·晋卦》"晋，康侯用锡（赐），马蕃庶，昼日三接"。意思说那块名叫"晋"的地方赐给了"康侯"，这里的马匹繁殖非常快，种马在一个白天要交配三次。此处"康侯"应该是"唐侯"之误[1]，因为文献记载只有晋国始祖"唐侯"被封在唐尧故地，史称"唐叔虞"，

---

[1] 武家璧:《〈周易·晋卦〉与"迎日歌"》,《周易研究》2009 年第 5 期。

其子改称"晋"。

这块神奇的土地既然适合于马匹繁殖，当然也适合于人类生息繁衍。相传周初有位女能人是周武王的"十大贤臣"之一，即武王之妃、姜太公之女，是晋祠圣母殿供奉的"邑姜"氏。她借成王"桐叶封弟"的戏言，向执政的周公讨来"河汾之东方百里"封给自己的儿子唐叔虞，希望他在这块"繁殖胜地"上延续千秋万代，周公和成王满足了"邑姜"的要求。这里原来是唐尧故地，因此起初国号为"唐"，后来由于境内有晋山、晋水，唐叔虞之子"燮父"把都城迁到晋水之旁，改国号为"晋"。

那么"晋"字是什么意思呢？《易传》说"明出地上，晋"。又说"晋，进也。明出地上，进而丽乎大明，柔进而上行"。意思是说太阳从地面出来，向上升进，就叫做"晋"。显然"晋"这个地名与日出天象有关。《说文解字》"晋，进也，日出而万物进，从日从臸"。"晋"字甲骨文写作𣈕，日上有两个倒矢形，"矢"字倒着写就是"至"字。《说文》"至，鸟飞从高下至地也"。《山海经·大荒东经》"一日方至，一日方出，皆载于乌"。"晋"字的意思就是"一日出、二鸟至"。它预示着在古老的晋国大地上，一定曾经发生过观测"日出"的标志性大事件，故此这个地方叫做"晋"[1]。

二

晋山、晋水在哪里？文献多记在晋阳（今山西太原）。《战国策》《史记》载智伯帅韩魏攻赵"决晋水以灌晋阳"。《汉书·地理志》"太原郡·晋阳县"班固自《注》："故《诗》唐国，周成王灭唐，封弟叔虞。龙山在西北，有盐官，晋水所出，东入汾。"郑玄《诗·唐谱》："唐者，帝尧旧都之地，今曰太原晋阳，是尧始居此，后乃迁河东平阳。"孔颖达《毛诗正义》引晋皇甫谧云："尧始封于唐，今中山唐县是也。后徙晋阳。及为天子，都平阳，于《诗》为唐国。"现已知太原的"晋水"是后起的地名，晋六卿之一的赵氏建都晋阳，把早期晋都所依傍的"晋山""晋水"搬家到晋阳来了。

古人对此早有所察觉。《〈史记·晋世家〉正义》

[1] 武家璧：《陶寺观象台与"晋"之关系》，《中国文物报》2007年2月23日第7版。

引《括地志》："故唐城在绛州翼城县西二十里。徐才《宗国都城记》云'唐国，帝尧之裔子所封……至周成王时唐人作乱，成王灭之而封大叔'。"顾炎武《日知录》卷三十一"唐"字条："按晋之始见《春秋》，其都在翼……北距晋阳七百余里，即后世迁都亦远不相及；况霍山以北，自悼公以后始开县邑，而前此不见于《传》。"《括地志》所载"故唐城"在今翼城县西、滏河南岸的唐城村，《水经·汾水注》称为"尧城"、《毛诗谱》称为"尧墟"。这些也是"地名搬家"的结果，晋侯始封于唐，春秋迁都于翼，故将"唐城""尧城""尧墟"等地名带到了翼城。

《今本竹书纪年》"康王九年，唐迁于晋"。《汉书·地理志》"唐有晋水，及叔虞子燮为晋侯云，故参为晋星"。《晋世家·正义》引徐才《宗国都城记》云"唐叔虞之子燮父徙居晋水傍"。《索隐》按"唐有晋水，至子燮改其国号曰晋侯。然晋初封于唐，故称晋唐叔虞也"。孔颖达《毛诗正义》引郑玄《诗·唐谱》云"叔虞子燮父以尧墟南有晋水，改曰晋侯"。

据上引可知，早期晋都在"晋水"旁，找到了晋都就找到了晋水。20世纪80—90年代，北京大学考古系在山西曲沃县与翼城县之间的天马–曲村遗址进行了大规模发掘，并发掘了北赵晋侯墓地，证明早期晋都在曲村一带。《水经注·汾水篇》"汾水南与平水合，水出平阳县西壶口山……东径平阳城南，东入汾。俗以为晋水，非也"。同时又提到汾水的支流："天井水，出东陉山西南……其水三泉奇发，西北流，总成一川，西径尧城南，又西流入汾。"杨守敬《水经注图》将天井水定为今滏河，将其发源地名为东陉山[1]。《山西历史地名录》"东陉山，即曲沃县东北五十里之塔儿山，为曲、翼、襄各县之界山"[2]。东陉山即滏河发源地塔儿山、打鼓山地区。天马–曲村遗址在翼城西和曲沃东的两县交界处，北依崇山，东、南面为滏河，因此所谓"晋水"就是今"滏河"。

晋山是晋水的发源地，滏河发源于崇山（塔儿山），故"塔儿山"就是"晋山"。《山海经·海外南经》"狄山，帝尧葬于阳，帝喾葬于阴……一曰汤山"。郭璞《注》：

---

[1] 杨守敬：《水经注图》，《杨守敬集》第五册，湖北教育出版社，1997年，第154页。

[2] 刘纬毅编，郝数侯校：《山西历史地名録》（《地名知识》专辑修订本），山西省地名领导组、《地名知识》编辑部出版，1979年。

"狄山即崇山，汤山即唐山，亦今之崇山。"由此可知崇山（塔儿山）又叫"唐山"。

《读史方舆纪要》卷四十一"平阳府·襄陵县"："崇山在（襄陵）县东南四十里，一名卧龙山，顶有塔，俗名大尖山，南接曲沃、翼城县，北接临汾、浮山县。"明《一统志》指"塔儿山"为"崇山"[1]。康熙《平阳府志·山川》"天柱山，翼城县西北四十里，一名卧龙山，俗称大尖山，界翼城、临汾、襄陵、曲沃、浮山五县"。塔儿山上的宝塔颇有来历，据《曲沃县志》载，此塔乃唐僧昙璨在天宝年间所建[2]。

值得注意的是，塔儿山又名"卧龙山"，此说大有来历。在地形地貌上塔儿山是一条地理分界线，以"塔儿山—汾阳岭"隆起带为界，分为南北两部分，北部是临汾盆地，南部称侯马盆地。侯马盆地位于临汾盆地与运城盆地之间，包括侯马、曲沃、翼城三县市。南北走向的太岳山脉在浮山地界向西延伸出一条分支，像一条巨龙横卧在临汾盆地与侯马盆地之间，直

---

[1]《大明一统志》卷二〇《平阳府·山川》，三秦出版社，1990年。

[2]〔清〕张鸿逵：《续修曲沃县志·山水志》，凤凰出版社（江苏古籍出版社），2005年。

抵汾河之滨，龙头似乎饮水于汾河，这就是塔儿山。文献记载"晋水"时，指其源于"龙山"，如《汉书·地理志》"晋阳县"条自《注》："龙山在西北，有盐官，晋水所出。"《水经注·晋水篇》引"《晋书地道记》及《十三州志》并言'晋水出龙山'"。可知"龙山"或"卧龙山"就是晋水的源头"晋山"。

陶寺文化"王级"大墓（王陵）出土彩绘蟠龙纹陶盘，龙盘口径约35厘米，有的龙盘最大直径达37厘米。各盘的蟠龙纹图案基本相同，以红彩或红、白彩描绘一条卷曲的龙蟠踞在盘中央，蛇躯鳞身，方头圆目，平张巨口露出上下两排牙齿，长舌外伸，舌前部呈树枝状，有的在颈部上下对称绘出鳍或髭状物。从形状特征看，陶寺蟠龙是多种动物的综合体，具有某种神性，是一种崇拜物。《竹书纪年》《宋书·符瑞志》云："帝尧母庆都……一旦龙负图而至……赤龙感之，孕十四月而生尧于丹陵。"有学者认为尧帝为龙的子孙，尧族以龙为图腾（族徽），应该说龙盘乃是具有标志性的礼器，这是一个惊人的发现。[1]

---

[1] 黄石林：《陶寺遗址乃尧至禹都论》，《文物世界》2001年第6期。

古唐国地盘"河汾之东方百里"包括晋山（塔儿山）南北地区。山北是唐国的都城，山南是早期晋都所在地。当我们审视地形大势的时候，不难发现塔儿山以南比山北地区更适合建国都。侯马盆地三面环山，一面带水，略呈方形，可谓砺山带河，易守难攻，是建都的理想地区。古人谓之"金（紫金山）乔（塔儿山又名乔山）环峙，汾浍旋潆，是故晋文藉之以成霸业"（《嘉靖曲沃县志》后序）。而山北的陶寺古城位于山前低坡地带，面向开阔狭长的临汾盆地，无险可守，陶寺先民为何要选择在此建都呢？唐叔虞初封于唐，但其子很快放弃此地迁都于晋，明眼人一望可知是出于军事安全的考虑。为什么古唐国没有军事安全的考虑呢？这就要从社会发展阶段来寻找原因和答案。

三

现代比较流行的文明起源理论是"古国—王国—帝国"模式，陶寺文化最早进入"王国"时代，它的前身应该是"古国"时期。文献记载最早在晋南地区定

居的古国有"台骀""实沈"和"唐"。《左传·昭公元年》
（前541年）载：

> 晋侯有疾，郑伯使公孙侨如晋聘，且问疾。
> 叔向问焉，曰："寡君之疾病，卜人曰'实沈、台
> 骀为崇'，史莫之知，敢问此何神也？"子产曰：
> "昔高辛氏有二子，伯曰阏伯，季曰实沈，居于
> 旷林，不相能也。日寻干戈，以相征讨。后帝不
> 臧，迁阏伯于商丘，主辰。商人是因，故辰为商
> 星。迁实沈于大夏，主参，唐人是因，以服事夏、
> 商。其季世曰唐叔虞，当武王邑姜方震（娠）大
> 叔，梦帝谓己：'余命而子曰虞，将与之唐，属诸
> 参，其蕃育其子孙。'及生，有文在其手曰'虞'，
> 遂以命之。及成王灭唐而封大叔焉，故参为晋星。
> 由是观之，则实沈，参神也。昔金天氏有裔子曰昧，
> 为玄冥师，生允格、台骀。台骀能业其官，宣汾、洮，
> 障大泽，以处大原。帝用嘉之，封诸汾川；沈、姒、
> 蓐、黄，实守其祀。今晋主汾而灭之矣。由是观
> 之，则台骀，汾神也。抑此二者不及君身。山川
> 之神，则水旱疠疫之灾，于是乎禜之；日月星辰

之神，则雪霜风雨之不时，于是乎禜之。若君身，则亦出入、饮食、哀乐之事也，山川星辰之神又何为焉？”

《史记·郑世家》载“郑子产问晋平公疾”一事与此略同。这里指出“台骀”是“山川之神”，“实沈”是“日月星辰之神”，实即上古的“神守”之国。唐人因袭实沈，古唐国也可归于“神国”。《国语·鲁语下》：“仲尼曰：‘山川之灵，足以纪纲天下者，其守为神；社稷之守者，为公侯。皆属于王者。’”章太炎《封建考》：“昔禹致群神于会稽之山，防风氏后至，禹杀而戮之，其骨节专车。防风，汪芒氏之君，守封嵎之山者也。于周亦有任、宿、须句、颛臾，实祀有济。盖仳诸侯，类比者众，不守社稷，而亦不设兵卫……故知神国无兵，而曹牢亦不选具……封嵎，小山也，禹时尚有守者，然名川三百，合以群望，周之守者亦多矣……以神守之国，营于禨祥，不务农战，亦趀（鲜）与公侯好聘，故方策不能具。及其见并，盖亦摧枯拉朽之势已！”[1] 章太

---

[1] 章太炎:《章太炎全集》(四)，上海人民出版社，1984年，第122页。

炎先生提到"神国无兵""不设兵卫",实即原始的"政教合一"政体,故周朝诸侯可以"摧枯拉朽"式地兼并它。

顾颉刚读书笔记《缓斋杂记(四)》中有"古诸侯有守山川与守社稷二类"条,其云"是古代诸侯有二种,其一为守山川者,又其一为守社稷者"。并列举"守山川者"三条:(1)《穆天子传》之"河宗氏";(2)《国语·郑语》"主茅骊而食溱洧",韦昭《注》"茅骊,山名,为之神主";(3)《论语·季氏》"夫颛臾,昔者先王以为东蒙主"[1]。顾颉刚先生的弟子杨向奎自20世纪40年代开始提出国家形态由"神守"向"社稷守"演变的进化观,先是认为其分界在颛顼时代的"重黎氏绝地天通",此前为"神职时代",此后为"巫职时代",自《春秋》作而为"史职时代"[2]。他在《中国古代社会与古代思想研究》一书中说:依我们的观察,古代在阶级社会的初期,统治者居山,作为天人的媒介,全是"神"

[1] 顾洪编:《顾颉刚读书笔记》第一编(史学篇),中国青年出版社,1998年。张京华:《"山川群神"新探》,《湘潭大学学报》2007年第6期。

[2] 杨向奎:《论〈吕刑〉》,《管子学刊》1990年第2期。杨向奎:《自然哲学与道德哲学》,济南出版社,1995年。吴锐:《论"神守国"》,《齐鲁学刊》1996年第1期。杨向奎:《历史与神话交融的防风氏》,《传统文化与现代化》1998年第1期。

国。国王们断绝了天人的交通，垄断了交通上帝的大权，他就是神，没有不是神的国王[1]。在《论"以社以方"》中指出：在远古时代，神守和社稷守不分，所有国王都是神而能通于天；神守与社稷守之分，当在夏初之际[2]。杨向奎先生的弟子吴锐博士发挥乃师之说，认为"神守"即政教合一的社会实体，并以"神守时代"（新石器时代）和"社稷守时代"（夏商周早期国家直到清代）为主线构建新的体系[3]。

近年来，李伯谦先生根据考古新材料提出文明起源"两种模式"的新理论[4]，指出由"神权"到"王权"

---

[1] 杨向奎：《中国古代社会与古代思想研究》（上册），上海人民出版社，1962年，第162页。杨向奎：《论"以社以方"》，《烟台大学学报》1998年第4期。

[2] 杨向奎：《历史与神话交融的防风氏》，《传统文化与现代化》1998年第1期。

[3] 吴锐：《从神守社稷守的分化看黄帝开创五千年文明史说》，吴锐主编《古史考》第八卷，海南出版社，2003年，第69页。吴锐：《中国思想的起源》第一卷，山东教育出版社，2003年，第171页。张京华：《古史缘何重建？——吴锐博士新著〈中国思想的起源〉读后》，《零陵学院学报》2004年第4期。吴锐：《神守、社稷守与"儒"及儒家的产生》，黄宣民、陈寒鸣主编《中国儒学发展史》（三卷本）附录，中国文史出版社，2009年。

[4] 李伯谦：《中国古代文明演进的两种模式——红山、良渚、仰韶大墓随葬玉器观察随想》，《文物》2009年第3期。

并不是唯一的文明起源模式。例如红山文化和良渚文化大墓均埋葬在人工建筑的高台（坟山）上，附近有高大的祭坛和神庙等，而仰韶文化大墓则没有坟山和祭坛等；红山文化和良渚文化随葬大量玉器，种类有璧、琮、环、璜、管、各种形制的佩饰、冠饰以及玉钺等，形成多种玉器组合，仰韶文化庙底沟类型的玉器基本上只有体现王权的玉钺一种，谈不上组合。情况表明在"古国"时代，红山文化和良渚文化是神权或以神权为主的国家，仰韶文化是王权国家。两种国家模式同时并存，各自向文明演进。夏商周继承的是王权国家模式，因此中国没有走上"政教合一"的道路。

李伯谦先生特别强调"在文明演进过程中，不同地区、不同文化因环境的差别、传统的差别、所受异文化影响的差别，自己所遵循的发展途径和模式也可能是不同的"。古唐国和陶寺文化正是如此，因受环境制约以及神守之国"台骀"和"实沈"的影响，在坚守天文传统和治理水患的过程中，走上了自己独特的文明发展道路。

四

实沈迁"大夏"应在帝喾时期。《左传·定公四年》:"分唐叔……命以《唐诰》,而封于夏虚,启以夏政。"杜预《注》:"夏虚,大夏。"《史记·郑世家》《集解》引服虔曰"大夏在汾、浍之间"。《左传·昭公元年》说实沈"主参……故参为晋星"。《国语·晋语》曰:"实沈之墟,晋人是居。"《说文》:"沈,陵上滈水也。"《水经注·汾水》载天井水(滏河)源头"三泉奇发",比较符合"沈"的意思。另一说唐徐铉《说文注》曰:"沈,今俗别作沉。"《诗·小雅·菁菁者莪》"载沈载浮"。《书·微子》"我用沈酗于酒"。《战国策·秦策四》"决晋水以灌晋阳,城不沈者三板耳"。是皆以"沈"为"沉",则"实沈"就是"实沉",沉降的意思。参星沉降之地,应该就是崇山。居于崇山西北看太阳升起东南方就是"晋山",居于崇山东南看参星下降西北方就是"降山"。晋国早期都城以水得名,故曰"晋"都;晚期都城以山得名,故曰"降(绛)"都(说详下)。后迁都新绛,绛山之名亦迁于今址。

《左传》说"后帝不臧……迁实沈于大夏",杜预《注》"后帝,尧也"。其实不然,因为后文有"唐人是因",即唐国占有了实沈,也继承了实沈的天文传统。《左传·襄公九年》:"陶唐氏之火正阏伯,居商丘,祀大火。"阏伯主辰星,实沈主参星,《国语·晋语》曰"以辰出而以参入,皆晋祥也"。据此推测实沈被兼并后应为陶唐氏之"南正"。他们的职司源于颛顼时的"南正重"与"火正黎"。

《汉书·律历志》载"传述颛顼命南正重司天,火正黎司地,其后三苗乱德,二官咸废,而闰余乖次,孟陬殄灭,摄提失方。尧复育重、黎之后,使纂其业,故《书》曰'乃命羲和,钦若昊天,历象日月星辰,敬授民时'"。南正重司天,即根据天象变化制定祭祀历法——神历(大正),故曰"钦若昊天";火正黎司地,即根据物候变化制定农业历法——民历(小正),故曰"敬授民时"。事情的先后逻辑顺序应该是帝喾先将重黎氏之后阏伯、实沈分开,唐尧再占有实沈之地,启用实沈、阏伯为南正、火正,其继任者改称羲和氏。如果唐尧灭掉的不是祭祀星主的神守之国,进而启用天文人才,很难想象古唐国会有很高的天文历法水平。

　　阏伯、实沈是祭祀大火星和参星的"星主"之国。《夏小正》记载有"正月初昏参中""三月参则伏""五月参则见""八月参中则旦"等对参星授时的记载，就是实沈的职司。关于火正的观测对象，文献记载较多，如《左传·襄公九年》"古之火正……以出内火"。《昭公三年》"火中，寒暑乃退"。《昭公四年》"火出而毕赋"。《昭公十七年》"火出，于夏为三月"。《哀公十二年》"仲尼曰：丘闻之，火伏而后蛰者毕"。《尧典》"日永，星火"。《诗·豳风》"七月流火"。《国语·周语》"火见而清风戒寒"。《夏小正》"五月初昏大火中"；"九月内火。内火也者，大火；大火也者，心也（大火是二十八宿的心宿）"，等等。这些是阏伯的观测事务。此外对日月的观测，是他们的共同事务。陶寺文化早期大墓中有很多罐、盆的肩腹部，用鲜红的颜色涂画太阳纹，呈三圆或四圆对称分布（图1），显示不同时节太阳在天盖上的位置，正是历法用以观象授时的依据。这可能与实沈古国的观测传统

图1　陶寺早期的太阳纹罐

有关。

尧帝时代的羲和氏特别重视对太阳的观测。"羲"字又作"曦",日光的意思。《世本·作篇》"羲和作占日"。《山海经·大荒南经》"羲和者,帝俊之妻,生十日"。郭璞《注》:"羲和盖天地始生,主日月者也。"《楚辞·离骚》:"吾令羲和弭节兮",洪兴祖《补注》:"日乘车驾以六龙,羲和御之。"《广雅·释天》:"日御谓之羲和。"总之,尧帝时代的天文活动,继承了阏伯、实沈古国的文化传统,陶寺观象台就是实物见证。

陶寺观象台借助系列观测柱形成的观测缝隙,与背景山峰(或山凹)互相配合,形成巨大的照准系统,进行天文观测。这些观测柱的排布是经过精心设计的,工程设计的目的之一,就是将陶寺的神山——塔儿山的顶峰、南坡的坡顶(日出冬至点)、北坡的山凹(夏至点)等,定格在观测缝之中。人们站在同一个观测点均能从每条狭窄的观测缝中看到塔儿山背景山峰或山凹上的日出。

要做到每条狭缝的光路都汇聚到一个中心,并非轻而易举。我们根据地表残存的遗迹,复原地上被毁掉的观测柱和狭缝系列(图2),再作模拟观测。实际情况表明，只有站在那个唯一的汇聚点上，才能从十条狭缝中全部看出去；稍稍偏离这个汇聚点几公分，就有若干条狭缝被夯土柱遮挡住了，看不出去。至此考古工作者相信，这一列弧形排列的夯土柱，是经过精心设计和严格施工建造的，夯土柱之间的狭缝就是观测缝，而那个唯一的汇聚点就是观测点。如果不是经过精心设计，任由十条缝隙随机分布，它们能汇聚到一点的可能性微乎其微，而与二分二至的日出方向吻合，就更加不可能了。

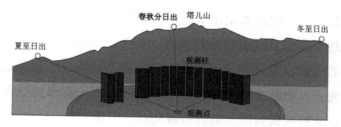

图 2　陶寺观象台观测日出示意图

观象台以半圆状台式建筑依附于东南城墙而建，其地上部分有可能是石块垒砌的，残存的夯土柱基础有深约 3—6 米的基坑，是为承担巨大的墙体重量设计的，近年神木石峁遗址发现史前大型石砌城墙，这种技术完全可以用来建造观象台。陶寺文化晚期观象台与城墙一同被毁掉，仅在地表保留夯土台基和观测柱基础。

在天文学上很容易验证这座建筑是否是观象台。编制历法的起点一般采用冬至点，因为这一天有很多天象特征很容易被观测到，它是一系列连续变化值中的极值。例如一年之中太阳的日出方位，在冬至那天到达最南点，甲骨文称为"日出至南"；此后日出方位开始向北偏移，到夏至那天到达最北点。一年之中太阳在正午时的高度，在冬至那天达到最低位置，也是最南点；此后太阳正午高度开始升高，至夏至那天到达最高位置，也就是最北点。一年之中太阳在恒星中的位置，在冬至那天离开北极达到最远值，也就是最南点；此后太阳赤纬开始向北移，至夏至那天到达距离北极的最近值，也就是最北点。上述冬至"最南点"现象，文献称之为"日南至"，就是"冬至"。如此等等，测量冬至或者夏至的具体日期，有多种方法互相校正。这些方法中，只有观测日出入方位的方法最简单，也最准确，因此也是我国先民最早认识和掌握的观象授时方法。

根据上述原理，如果陶寺先民要建造一座观象台，那它一定具有观测冬至日出"最南点"的功能。为了验证观象台的观测功能，考古工作者进行了模拟观测：按狭缝的平面形状，用铁支架将缝隙向上延伸，然后观测太阳在狭缝中从山顶上升起的日期。在冬至前一段时期，人们看到日出在东南方的塔儿山南坡平缓的山岗上，方位逐渐向南移动。到了冬至的那一天，太阳出山的位置抵达南坡的一个馒头山顶部，正好跨入东 2 号观测缝。模拟观测和理论计算证明陶寺观象台的天文观测功能非常理想 [1]。

天象观测的目的首先是根据日出方位确定冬至、夏至以及春分和秋分的准确日期，这是羲和氏的具体职司。但是在"冬至观测缝"之南约 5° 左右还有一条缝隙（图 2），它与观测日出方位无关，曾使我们感到困惑。因为日出方位在冬至日到达最南点，然后折返向北；至夏至日到达最北点，然后折返向南，如此周而复始。位于夯土柱列最南端的这条狭缝，是日出方向不可能到达的位置。以前我们不明白这条缝隙的功能，结合阏伯为陶唐氏"火正""祀大火"的记载，我

---

[1] 武家璧、陈美东、刘次沅：《陶寺观象台遗址的天文功能与年代》，《中国科学》（G 辑：物理学力学天文学）2008 年第 38 卷第 9 期。

们有了一个比较满意的解释。大火星西名天蝎座 α，在太阳运行的黄道之南约 5° 距离，这条狭缝在冬至缝之南 5° 左右，正好是大火星从塔儿山上升起的方向，我们不妨称之为"火正观测缝"。

《左传·襄公九年》"陶唐氏之火正阏伯居商丘，祀大火，而火纪时焉"。《汉书·五行志》"古之火正，谓火官也，掌祭火星，行火政"。庞朴先生有《"火历"初探》诸篇可以参考[1]。陶寺观象台"分至观测缝"以及"火正观测缝"的发现，证明《尧典》"历象日月星辰"是为信史，同时也证明唐国继承和发扬了神守古国的天文历法和文化传统。

五

台骀事迹见于《左传·昭公元年》《史记·郑世家》载"子产问疾"一事，《论衡·别通篇》《水经注·汾水篇》引作"臺台"。子产提到了少皞氏时代的两代水利大师，

[1] 庞朴：《"火历"初探》，《社会科学战线》1978 年第 4 期；《"火历"续探》，《中国文化》（第 1 辑），1984 年 3 月；《"火历"三探》，《文史哲》1984 年第 1 期；《火历钩沉——一个遗佚已久的古历之发现》，《中国文化》（创刊号），1989 年 12 月。

第一代是台骀之父曰昧，第二代就是玄冥和台骀。《左传·昭公二十九年》"少皞氏有四叔曰重曰该曰修曰熙，实能金木及水。使重为句芒，该为蓐收，修及熙为玄冥，世不失职，遂济穷桑，此其三祀也"。《礼·月令》"其神玄冥"。郑玄《注》"水官之臣，自古以来著德立功者也……玄冥，少皞氏之子曰修曰熙，为水官"。孔颖达《疏》"玄冥，水神也"。玄冥治水的事迹于史无载，台骀事迹则因子产之言名垂青史。

"曲沃灭翼"之后，晋献公迁都于翼城的"绛"，据《左传·成公六年》载晋景公十五年（前585年）"晋人谋去故绛……迁于新田"。迁都后仍然称"绛"，史称翼城之都为"故绛"，新田之都为"新绛"。20世纪50—60年代考古工作者在侯马市西、汾河东南岸发现晋都新田遗址，由平望、牛村、台神古城毗连成"品"字形宫城。台神古城外西北角汾河滩地南岸，有一大型方形台阶式夯土台，南北长约100米，东西宽约80米，高出地表约7—8米，能看出六级台阶。在其东西两侧约40米处还有两座小型台基。报告整理者田建文先生认为"台神古城西北三座夯土台基可能与祭祀汾神台骀有关。台址西北（约500米）的今西台神村北傍汾河耸立'台骀庙'，庙址所在为'古翠岭'，庙中台王殿梁上有大明崇祯八年即公元 1635 年题记，《重修台骀庙碑记》云'庙建于晋都绛时，即古之新田'"[1]。至晚在唐代此地已有台骀庙，《元和郡县图志》载"台骀神祠，在（曲沃）县西南三十六里……台骀，汾神也"[2]。

台骀的治水事迹主要是"宣汾、洮，障大泽，以处大原"。《后汉书·郡国志》"河东郡·闻喜邑"下《注》曰"有涑水，有洮水"。《水经注·涑水》卷六载"涑水……至周阳与洮水合"。台骀的治水方略是采取"疏导"和"围堵"两者并行的办法，当汾水、洮水的主泓道不足以泄洪的时候，将分洪引入"大泽"，修"障城"蓄成水库，以保障下游"大原"的安全。台骀是中国历史上有明文记载的第一个成功的治水英雄。

因此台骀古国不是一般的"神守之国"。普通神国

---

[1] 山西省考古研究所侯马工作站编：《晋都新田——纪念山西省考古研究所侯马工作站建站 40 周年》，山西人民出版社，1996 年，第 16、102 页。

[2] 〔唐〕李吉甫：《元和郡县图志》，中华书局，1983 年，第 333 页。

如章太炎先生所言"不设兵卫""不务农战""曹牢亦不选具",而"营于機祥",其国家领导人实即一宗教领袖,一旦发生巨大灾难,只能求神告天,坐以待毙。治水工程需要调动大量人力物力,采取正确的治水策略,还要有专业的水利人才、强有力的物资和后勤保障,领导人要有果敢的决断能力以及卓越的组织领导才能等等,这些都是催生文明国家诞生的强大动力。

六

台骀之后又产生了父子两代治水领袖,即"崇伯鲧"和夏禹,他们的治水活动也与崇山及汾浍地区有关。《今本竹书纪年》卷上"(帝尧)六十一年,命崇伯鲧治河"。《国语·周语下》"其在有虞,有崇伯鲧"。韦昭《注》"崇,鲧国;伯,爵也"。《汉书·楚元王传》"昔者鲧、共工、驩兜与舜禹杂处尧朝"。唐颜师古《注》"鲧,崇伯之名"。夏禹也叫"崇禹",《逸周书·世俘》"乙卯,钥人奏《崇禹》《生开》,三终,王定"。《周礼·钥师》孙诒让《正义》"《崇禹》《生开》,盖大夏之舞曲,

以钥奏之者也"。《礼记·明堂位》"崇鼎，贯鼎，大
璜，封父龟，天子之器也"。郑玄《注》"崇、贯、封父，
皆国名……大璜，夏后氏之璜，《春秋传》曰'分鲁公
以夏后氏之璜'"。"崇鼎"应该是"崇伯鲧""崇禹"的
鼎，相当于文献中的"禹鼎"。陶寺大墓（王陵）葬在
崇山之麓，所出陶鼎堪称"天子之器"，大概是铜铸"崇
鼎""禹鼎"的前身。

　　《山海经·海内经》"帝令祝融杀鲧于羽郊"。《国
语·周语上》"昔夏之兴也，融降于崇山"。如前文所
考崇山即降山，"降（绛）山"就是降神之山。晋国的
都城"晋"，得名于晋水；另一都城"绛"，得名于绛山；
后来迁都于"新绛"，绛山之名因而搬到浍河南岸的紫
金山。绛都之名出土文字一律写作"降"，传世文献一
律写作"绛"。战国晚期秦占领"故绛"和"新绛"之后，
设有"降县"或"降亭"，西安相家巷出土秦封泥有"降
丞之印"，即降县或绛邑之丞的封印 [1]。侯马乔村墓地
战国晚期出土器物上屡见"降亭"戳记，依惯例为"降

[1]　周晓陆等:《于京新见秦封泥中的地理内容》,《西北大学学报（哲学
　　　社会科学版）》2005 年第 4 期。

（绛）邑市亭"之省[1]。翼城"苇沟－北寿城"遗址试掘出土的战国"降亭"陶文，与侯马晋国遗址出土的几乎完全相同[2]。

准上可知晋国之"绛"都，原本作"降"，文献因音同形近误作"绛"。都城从"晋"（上升）迁到"降"（下降），都是神灵升降之所。"故降"所降之神为"祝融"，"新降"所降之神就变成"实沈"和"台骀"了。晋平公居新绛，实沈、台骀为祟，史官不习野史故莫能知，卜人知其神而不知其来历，叔向只好求教于博学的子产，方能略述其详。故此新绛祭祀汾神台骀的夯土台基，其始建年代不得早于春秋晚期"子产问疾"（前541年）的那一年。

早期降山就是崇山。《山海经·海外南经》载"狄山，帝尧葬于阳……一曰汤山"。郭璞《注》"狄山即崇山，汤山即唐山，亦今之崇山"。《左传·定公四年》"分唐叔……而封于夏虚"。杜预《注》"夏虚，大夏"。

---

[1] 俞伟超：《秦汉的"亭"、"市"陶文》，《先秦两汉考古学论集》，文物出版社，1985年；田建文：《晋都新田的两个问题》，《中国文物报》2008年9月12日第7版。

[2] 北京大学考古专业商周组等：《晋豫鄂三省考古调查简报》，《文物》1982年第7期。

《史记·郑世家》《集解》引服虔曰"大夏在汾、浍之间"。由是观之，鲧、禹父子实际上继承了台骀父子的治水事业，鲧以失败，禹以成功。

台骀古国对应的考古学文化，应该到龙山文化的"陶寺类型"中去寻找。实沈是唐国的因袭对象，很可能与陶寺文化早期有关。崇伯鲧的考古学文化，应该就是二里头文化的"东下冯"类型。

七

唐国将都城建在陶寺的崇山之麓，依山傍水，故是"山川之主"。《国语·鲁语》载孔子曰"山川之灵，足以纪纲天下者，其守为神"。陶寺人修建的天文台，就是以背景山峰作为巨大的照准器来观测日出方位，从而制定历法颁行天下的，完全符合"纪纲天下"的标准，因而塔儿山就是陶寺人的神山。与众不同的是，当其取代实沈之后，又成了"日月星辰之主"，总之不出"神守之国"的范畴。唐尧修建城墙不是出于军事目的，而是防止水患。城址选在山坡上，东南高而西北低，观象台、王陵和祭祀区在全城最高处，即使大部分城区被淹没，大水也很难漫到此处。观象台、王陵原本在东南城墙外侧，为防止山洪冲击，特地在其外侧再加一道复城，将祭祀区围成一个"小城"；这样即使全城被淹，"小城"也可安然无恙。

洪水来临时，人们可以逃上更高的山坡，但"先王"不能一起逃走，"小城"的设计可使先王安寝；观象台是全城最重要的设施，一并置于"小城"内可保无虞。《左传·襄公二十九年》载吴季札使鲁，鲁人为之歌《唐风》，季札曰："思深哉！其有陶唐氏之遗风乎？不然，何忧之远也？"陶寺"小城"的设计，就是陶唐氏"思深忧远"的一个体现，这是陶寺古城独具特色的地方。

唐国之所以没有将都城置于山川险固的崇山之南，是因为没有军事防御的必要，另外一个原因就是出于天文观测的需要。只有在崇山西北才能观测到太阳从东南方向的崇山顶上升起，借助山峰背景作为定点标志，再以观测狭缝构成巨大的照准器，从而根据日出方向的极限位置，确定冬夏二至的准确日期，发挥"观象授时"的功能。为了防止洪水淹没，不能在平地起建，故选在山脚低缓的坡地上，略微朝上仰望，因此陶寺观象台实际位于一个"倒栽坡"上。

尧都的地势较高，但更多的农业人口生活在平原地区，尤其是汾水、浍河下游，"土厚水深"，既是最肥沃的土地，也是水患最严重的地区。尧帝时代可能比台骀时期的灾害更为严重，先是发生了严重的旱灾，《淮南子·本经训》载"逮至尧之时，十日并出，焦禾稼，杀草木，而民无所食"。接着是前所未有的大洪水，《书·尧典》载"汤汤洪水方割，荡荡怀山襄陵，浩浩滔天"。尧帝根据"四岳"的建议启用崇伯鲧治水，"九载绩用弗成"。其时尧帝已在位七十载，年老力衰，不得不考虑启用贤能重建国家的问题。

八

五帝时代中国社会已经出现一种"神圣同盟"，诸"神守之国"共推一个天下共主，称为"帝"。众神国祭祀的最高神是"天帝"或"上帝"，只有"天帝"

的子孙"天子"才能祭祀"天帝"，并代表天帝统治人间，就是"下帝"，简称"帝"。"下帝"通过"绝地天通"垄断了与上帝沟通的唯一渠道，这种最高神权的合法来源就是血缘关系——世系，文献称之为"帝系"。不在"帝系"中的人是不会被接受称"帝"的。传说中的"三苗""九黎""共工"等先后"争帝"，都没有成功。

在"神圣同盟"之下还有次一级的霸主，他们是祀守最有名大山的"四岳"。再次一级就是"伯"，如河伯、崇伯等。再下就是一般的神守之国了，有山主、川主、日主、月主、星主等等。谁占据了有名的大山，谁就在"神圣同盟"中占有相应的地位，"崇伯鲧"是地位较高的一位。尧都在崇山之北，崇伯鲧的地盘在崇山之南，他们可能从不同的山坡祭祀不同的神主，尧帝称其为"汤"（唐），伯鲧称其为"崇"。神国同盟的分级分层，是社会复杂化的体现，它就像一座金字塔，尧帝居于金字塔的顶端，这就为统一国家的产生创造了条件。总之，五帝时代的"神圣同盟"，为文明国家的诞生奠定了基础。

帝位的传承，按传统是基于帝系血统。《史记·五帝本纪》说"尧知子丹朱之不肖，不足以授天下"。《孟子·万章》"丹朱之不肖，舜之子亦不肖"。《说文》"肖，骨肉相似也。从肉，小声。不似其先，故曰不肖"。有"不肖之子"可能是尧舜"禅让"的真正原因。儿子长得不像父亲，这是牵涉到继承权的一个很严重的问题。因为古人相信"感生"的说法，如"吞雀卵""践大人迹""践龙涎""梦某帝"或"感某帝之精"等均能使妇人怀孕。如果"不肖"其父，很可能就不是亲子，取消其继承权就是顺理成章的了。

尧帝选择虞舜做继承人，"以二女妻之"，实际上是"传婿不传子"，没有脱离"家天下"的传统。《尧典》说"正月上日，受终于文祖"。《毛诗序·蓼莪》"孝子不得终养尔"。《汉书·货殖传》"所以养生送终之具，靡不皆育"。据此《尧典》"受终"是指虞舜接受了对尧帝养老送终的义务。因其子"不肖"，改由女婿终养，还是属于家庭权利义务的问题。

《竹书纪年》有更惊人的记载："尧之末年，德衰，为舜所囚"；"舜囚尧，复偃塞丹朱，使不与父相见"；"舜囚尧于平阳，取之帝位"；"舜篡尧位，立丹朱城，俄又夺之"[1]。《韩非子·说疑》"舜偪尧，禹偪舜，汤放桀，武王伐纣，此四王者，人臣弑其君者也"。不管尧舜"禅让"的真相如何，政权还是以和平方式完成了过渡，没有像汤武革命那样发生流血战争。因此，对于尧舜"禅让"，我们不能像儒家那样拔高到无上道德的境界，但这种无奈的选择，在客观上还是对历史进程产生了巨大影响。

九

《尚书·尧典》记录尧帝政绩全文四百余字，一半篇幅记载他任命四位天文官去四方观测天象，制定历法；另一半篇幅记载他考察培养虞舜接班，顺便提一下鲧治水没成功。仿佛他一辈子只干了天文和禅让这两件事情，国家大事千头万绪，内政外交军事经济，他似乎都绝口不提，只谈天文历法，这在现代人看来

---

[1] 范祥雍:《古本竹书纪年辑校订补》，上海人民出版社，1962年，第6—7页。

是难以理解的[1]。

实际上尧帝重视天文历法是具有深谋远虑的战略决策，对于促进神国同盟向政治实体转化，建设真正意义上的文明国家具有决定性的作用。尧帝虽然高居盟主的地位，但各神守之国相对独立，各国政令根据自己的地方历法来颁发，各行其是。如《国语·周语》记载"《夏令》曰：'九月除道，十月成梁'"。《诗经·七月》记载豳（邠）地的时令"九月筑场圃，十月纳禾稼"；"九月肃霜，十月涤场"等等。夏商周"三代异政"，夏正建寅，殷正建丑，周正建子等，就是源于各自古国的历法。自"古国"进入"王国"，三王以"天命"自居把各自先公的历法推向全国，以表明"普天之下，莫非王土；率土之滨，莫非王臣"。

对于祀守山川的神国而言，因地理纬度不同，各地的物候、气象和农事也不尽相同，因而历法的年始也可能不同。对于祀守日月星辰的神国而言，制定的日历（阳历）、月历（阴历）、五星历等"七政"，也不可能相同。神圣同盟的建立，有利于息止成员国之间

---

[1] 江晓原：《〈尚书·尧典〉之释读》，《天学外史》，上海人民出版社，1999年。

的争端，但政令不一和文化差异还是会引发深层次的矛盾。因此制定统一历法，使"七政"齐同（日月合璧、五星连珠），"四始"（年始、气始、月始、日始）合一，实现政令统一，是建立专制王权的首要关键。陶寺观象台就是顺应这种历史大趋势的产物。

还有一个很重要的因素就是祭祀的需要。马克思说"首先天文学，农业民族和游牧民族因为要知道季节，就绝对需要它"。观象授时指导农业生产，只是观象台功能的一个方面，还有一个更重要的功能就是祭祀天神，包括祭祀最高神昊天大帝以及日、月、星辰、掌管时令节气的季节神等一系列需要"以时祭祀"的神灵。《左传》曰"国之大事，在祀于戎"，祭祀放在军事之前；《尧典》把"钦若昊天"排在"敬授民时"之前。在人们的观念中，祭祀神灵，比军事和农业生产重要得多。

一个民族和国家，往往有自己独特的"祀典"，常规的祭祀特别讲究时间性，称为"时祭"，如果不能"以时祭祀"或者"祭祀以时"，错过了祭祀时间，鬼神就享受不到了，祭祀者也就不能得到神灵的庇佑。在所有的祭祀活动中，只有冬至那一天的祭祀，规格最高，场面最大，气氛最隆重，因为这一天要祭祀最高神——昊天上帝。《左传》说"正月至日，有事于上帝；七月至日，有事于祖"。《左传》用的是《周历》，月份比《夏历》延迟两个月，所说的"正月至日"就是《夏历》的十一月冬至；"七月至日"就是《夏历》的五月夏至。这是冬至祭祀"上帝"的直接记载。

《尚书·尧典》说"历象日月星辰"，说明观象台除了观测日出之外，还有可能观测月亮、行星以及较亮恒星的出山方位，以确定月神和列位星官当值的日期。在古人看来，日神、月将，以及天上的星官，在他们当值的日期，主宰着人间的祸福，因此要"以时祭祀"，才能获得天神的保佑，以使献祭者逢凶化吉，遇难呈祥。观象台的作用就是要让人们能够准确地判断各位天神的值日时间。陶寺先民为什么要建造巨大的观象台把冬至测得很准？因为时间不准，上帝就不会来临。《周礼·大司乐》记载"冬日至，于地上圜丘奏之，若乐六变，则天神皆降"。这表明在隆重的祭天仪式上，必须有场面宏大的音乐伴奏。陶寺遗址发现有大型鼍鼓，巨型陶鼓，硕大的石磬，以及铜铃等乐器，加上朽烂无存的竹木丝类乐器，一支气势磅礴的大型乐队隐然现形。如此巨无霸的乐器组合，即使在秦汉以后高度发达的文明社会，也难得一见。人们不禁要问，在那久远的年代，有必要把乐器造得如此之大吗？是什么动力促使陶寺先民对音乐倾注了如此大的热情？当我们发现了陶寺观象台的时候，终于找到了答案，原来这一切，都是为了致敬于鬼神。

依据陶寺观象台的观测可以制定"日历"，即太阳历。但《尚书·尧典》记载的却是一种根据"四仲中星"制定的"星历"（恒星历），这又作何解释呢？先看《尧典》原文：

乃命羲和，钦若昊天，历象日月星辰，敬授民时。

分命羲仲，宅嵎夷曰旸谷。寅宾出日，平秩东作。日中星鸟，以殷仲春。厥民析，鸟兽孳尾。

申命羲叔，宅南交，平秩南为，敬致。日永星火，以正仲夏。厥民因，鸟兽希革。

分命和仲，宅西曰昧谷。寅饯纳日，平秩西成。

宵中星虚，以殷仲秋。厥民夷，鸟兽毛毨。

申命和叔，宅朔方曰幽都。平在朔易。日短星昴，以正仲冬。厥民隩，鸟兽氄毛。

帝曰咨汝羲暨和，期三百有六旬有六日，以闰月定四时成岁。

所谓"出日""纳日"，就是观测日出入方位；鸟兽交尾、换毛等属于物候；"日中"（日平均）"日永"（白昼最长）"宵中"（夜平均）"日短"（白昼最短），是昼夜长短变化的极值和平均值；"星鸟""星火""星虚""星昴"就是"四仲中星"。回归年长度取整数为366日，"闰月"表明调和了"日历"（太阳历）和"月历"（太阴历）。

物候受地理纬度影响比较明显，战国秦汉以后文献中的"二十四气、七十二侯"，实际上是从中原地区总结出来的地方"气候"。日出方位和昼夜长短虽受地理纬度影响，但其极值恒定对应冬至和夏至日，平均值对应春分和秋分日，从而可与"四仲中星"固定对应起来。对于祀守山川的神国而言，陶寺观象台的功能，完全可以把纬度位置不同的神国历法统一起来。

对于祀守日月星辰的神国而言，只能依靠"四仲中星"制定的"恒星历"来实现统一，这就是《尧典》所说的"在璇玑玉衡，以齐七政"。

关于"四仲中星"，孔颖达《疏》曰："马融、郑玄以为星鸟、星火谓正在南方。春分之昏，七星中；仲夏之昏，心星中；秋分之昏，虚星中；冬至之昏，昴星中，皆举正中之星……王肃亦以星鸟之属为昏中之星。"《新唐书·天文志》载唐僧一行《〈大衍历〉议·日度议》曰"（立春）日至营室，古历距中九十一度"；又曰"古历，冬至昏明中星去日九十二度"。即从冬至到立春的"中星"位置，距离"日在"位置 91—92 度，实际上等一"句距"（直角）。因为古人以"日行一度"为标准，日行一年得周天 365.25 度，除以四约为 91.3 度，"九十一度"或"九十二度"是取其整数而言，等于 360° 制的直角 90°。

这是一个简单而又合理的规定，即冬至"日距中"一句距。据此很容易推算冬至点的位置：以冬至昏中星"昴星"为 0°，向西推 90° 得日在虚宿。故一行《日度议》曰："古历，日有常度……自帝尧演纪之端，在虚一度……日在虚一，则鸟、火、昴、虚皆

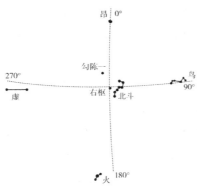

图3 公元前2200年的"四仲中星"

以仲月昏中，合于《尧典》。"我们来看4200多年前的实际天象（图3，公元前2200年星象，源自SkyMap天象演示软件）：

如图所示，现在的北天极位于"勾陈一"（小熊座α星）附近，由于岁差的原因，4000多年前天极正好位于"右枢"星（天龙座α星）附近。回推到"右枢"星作为北极星的年代，昴星（昴宿）正好位于0°赤经上，与春分点（春分时刻太阳在黄道上的位置）所在的赤经相同。鸟星（二十八宿的"星宿"又称"七星"）的距星（标准星）"星宿一"（长蛇座α星），正好位于90°赤经上，与夏至点的赤经相同。火星（心宿）的距星"心宿一"（天蝎座σ星），虚星（虚宿）的距星"虚宿一"（水瓶座β星），分别位于180°赤经（秋分点）和270°赤经（夏至点）附近。

实际星象表明，四"中星"的间隔基本上是由"勾距"（90°）近似等分出来的，由于勾距上并不总是正好有可见星，只能在其附近寻找亮星，因此勾距划分是近似的。更为重要的是，四"中星"分别对应"二分二至"点，尤其是冬至中星"星昴"对应春分点，春分中星"星鸟"对应夏至点，非常吻合。这样整齐地划分天区，必有一个实测的标准点，这个标准点就是"星昴"，因为昴星团非常明亮（视亮度1.6星等），周围没有其他亮星可以混淆，肉眼可以毫不费力找到它，机缘巧合的是，它正好与春分点位于同一距度（赤经）上。因此其他"中星"是基于昴星位置通过矩尺划分出来的[1]。

通过上面的分析可以得出结论，所谓"四仲中星"表面上是四个仲月的"昏中星"，实际上反映的是春秋分和冬夏至时的"日在"（太阳位置），"中星"与"日在"相距90°而耦合。"四仲中星"是集"中星""日在"于一体的一个天文历法结构，我们不妨称之为"《尧典》模式"。它以同一恒星两次在同一时刻中天的间隔

---

[1] 武家璧:《〈尧典〉的真实性及其星象的年代》，《晋阳学刊》2010年第5期。

为一年，相当于现代历法中的恒星年，基于恒星年的历法称为"恒星历"。"中星"只与太阳的视位置有关，而与地理纬度、日出入方位、太阳正午高度、昼夜长短等没有关系，因而适合用来统一其他地方历法。

在实际观测中，在不同的纬度位置，根据日光影响程度调整昏时长度，就可以得到相同的中星。昏时长度是根据太阳落入地平面的深度决定的，例如现代天文学一般规定太阳中心在地平下 6° 时为民用昏影终，天空尚明亮；太阳在地平下 12° 时为航海昏影终，景色模糊，星象出现；太阳在地平下 18° 时为天文昏影终，日光影响完全消失。在低纬度地区太阳越接近直射，落入地下的速度越快，昏时越短；在高纬度地区，太阳斜射越厉害，下降同样深度经历的时间越长，昏时越长。中国古代的漏刻制度就是根据昏长变化制定的，一直沿用到清代西方机械钟传入以前。《尧典》的中星观测已经考虑昏长变化，是漏刻制度的开端。在不同地区，当人眼感觉相同的曚影强度时，表明太阳下降在相同的深度，在此时观测中星必定得到相同的结果。尧帝派四人到四方偏远地方去分别测得四个"中星"，实际上不需要跑到边远地方去，在都城也会得到同样结果。尧帝深谋远虑的是，有了远征官员从遥远边疆得来的观测事实作支撑，就可以通过"恒星历"把"七政"统一起来，从而把陶寺观象台观测制定的历法，推行普天之下。这才是尧帝实施"天文远征"的真正目的！统一"七政"的结果，是极大地促进了神圣同盟向统一王国的转化。

天文学发达是中国古代文明的显著特征，中国文明的起源也与天文学的发展密不可分，大自然提供的天文背景起到了恰到好处的刺激作用。建立"王国"政权，文献称之为"建中立极"，就是修筑一个都城，作为天下的中心。《周礼》曰："唯王建国，辨方正位，体国经野，设官分职，以为民极。"孔子曰："为政以德，譬若北辰，居其所而众星拱之。"王者居中，为民立极，就是"建中立极"。人间的"中极"是模仿天上的"天极"建立起来的，这就要求"北极"能被看得到。如果北极上没有一颗能够看得见的"极星"，人们很难想象王者鼓吹的"建中立极"是出自"天命"。现代天文学原理揭示，由于岁差原因，北极以约 23.5° 的角距围绕黄极划圈，每 26,000 年旋转一周。在距今 6000—5000 年长达 1000 多年的时间内，北极附近没有明显的亮星可以作为标志，到了 4000 多年前后，一颗中等亮度星（视星等 3.65）"右枢"星（天龙座 α）出现在北极附近。这使人们看到天上有一个唯一的"中心"，所有的星星都围绕着它旋转。"天上"只有一个"中心"，"天下"也只能有一个"中心"，由此萌生了"王者居中"、建立"中国"的人间理想。

就天文学本身而言，由于北极和拱极星受到重视，形成了中国天文学的天极和赤道特征[1]。欧洲天文学的传统是以黄道坐标为基础的，中国古代对天空的区划和度量则是带有天极和赤道特征的赤道系统。二十八宿的距度就是一种赤经差，而距星的去极度就是赤纬的余角。《尧典》模式表明赤道天文学系统在尧帝时代已经建立起来。

第二个影响深远的天文事件，就是昴星与春分点赤经（距度）高度重合，这使历法上的"中星"与"日在"耦合成为可能。尧帝时代的天文学家正是抓住了这一千载难逢的机遇，建立了独具特色的天文学体系。大自然的恩赐在中国文明起源的关键时期发挥了重要

---

[1] 李约瑟:《中国科学技术史·天学》(第四卷第一分册)，科学出版社，1975 年，第 138 页。

作用。

十

尧帝之子"不肖"其父，崇伯鲧治水失利，是引发尧帝禅让的两大原因。高贵的血统，神圣的世系，自古以来就是政权合法性的理想来源。虞舜出身平民，自五世祖开始已经"微为庶人"，《孟子》甚至说舜是"东夷之人"，他的血统不在"帝系"之中，如何认同其政权的合法性，是一个根本性问题。观象台和天文历法发挥了重要作用。

在远古时代，科学和原始宗教尚未分离，一些科学知识通过人们的宗教观念得以体现。陶寺观象台就是一个很好的例证，它既是一个科学观测设施，也是非常重要的宗教活动场所。它利用大自然的变化规律，采用严格的观测事实，准确地锁定祭祀日期。如果不在这些最佳日期如期祭祀神灵，就可能得不到神灵的保护，灾祸就会降临。先民们实际上掌握了一些自然变化的科学规律，但他们相信这些规律，就是神的意志的体现。我们现在使用的"科学"一词，在那个时代就是"神"的化身。在"神性"的背后，反映了当时社会的科学知识和进步水平。

陶寺观象台表现了很高的天文学理论知识和观测水平，代表了中国上古史上一个天文学十分发达的时代。可以与这个时代相当的历史人物，就是千古一帝——尧帝。天文历法是人类通天的法宝，是人间帝王与"天帝"沟通的桥梁，如果平民出身的虞舜，掌握了天文仪器和观测方法，能够颁授历法，就等于掌握了"天命"！谁还敢质疑他接掌政权的合法性？

观象台和天文历法对于政权的重要性，以及在禅让过程中发挥的重要作用，可以从以下方面得到证明。首先，观象台是"建中立极"的象征。修建都城要确定两条基线，一条是指向正北方向的"指极线"，一条是都城的"中轴线"。如果城墙的走向恰好与正东西、正南北方向吻合，那么"指极线"和"中轴线"就可以合二为一。但尧帝没有作这样简单的处理，他深思远虑，要为国家修筑一座天文台，以使自己和将来的继任者能够秉承"天命"，保障国家政权的长期稳定。按照古老的习惯，国家最大的祭祀活动，就是在冬至那天举行"祭天"大典，那一天要"寅宾出日"。天文台必须修建在城市"中轴线"的南端，正面朝向东南方向，以便迎接冬至日出。由于天文台必须面向东南向，那么它所在的"中轴线"势必指向西北方向，与"正南北"方向的"指极线"构成45°的夹角。建"中轴线"、立"指极线"，就是"建中立极"（图4）。

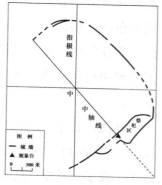

图4　观象台与"建中立极"

　　陶寺古城的选址，应该是首先确定观象台地点，以此找到大地的东南—西北维，作为城址的"中轴线"；继而在中轴线上确定城市的中心，由中心"引绳希望"北极星，确定"指极线"；以"指极线"连接城墙的对角，那么"中轴线"就必定指向东南方向了。"中轴线"与"指极线"的交点就是城市的中心。于是，城墙的北角落在"指极线"上，观象台位于"中轴线"的南端。这样的设计，保证了观象台朝向冬至日出的方向——东南方。"中轴线"南端是一个非常重要的特征位置，后世的都城都在这个位置上设置"国门";陶寺古城将这个重要位置给予了观象台。因此，观象台是陶寺古城最重要的建筑，它的存在决定了城墙的走向，和整个城市的布局。由于观象台在中轴线的南端，依靠城墙，原本应该建成圆形"圜丘"的祭坛，被设计成为半圆形。它是这个城市的鲜明特色，也是陶寺古城享有文明程度的标志和象征。

其次，观象台观测"天象"是窥测"天命"的直接途径。古国时代"帝位"的继承依据血缘关系，天神之子（天子）世世代代传承"天命"，神的世系与"天命"合而为一，这是"神权"时代的特征。天神不会直接向人间喊话，而是通过"天象"向人们传递信息。《易经》曰："天垂象，见吉凶，圣人则之。"孔子曰："天何言哉？四时行焉，万物生焉，天何言哉！"人间要窥测"天命"，最直接的途径就是观测"天象"。尧帝之所以要建造宏伟的天文台，就是想要读懂"天象"这一上帝的特殊语言，以便更好地执行"天命"。虞舜本人不具有帝系血统，要顺利地完成政权交接，只能借助"天命"。于是观象台理所当然地承载起这一重大的历史使命。

第三,"历数"是"天命"的载体。《论语·尧曰》载:"尧曰:'咨尔舜!天之历数在尔躬,允执其中。四海困穷,天禄永终。'舜亦以命禹。"在尧舜禅让的过程中,政治嘱托主要是两项,一是掌握好"历数"即天文历法;二是"执中"即到天下之中去"建中立极",不要去"四海困穷"之地建都。

第四,移交天文仪器是政权交接的重要仪式。《尚书·尧典》载"正月上日,受终于文祖,在璇玑玉衡,以齐七政"。"文祖"就是尧帝,是文化之祖。《史记·五帝本纪》载"于是帝尧老,命舜摄行天子之政,以观天命。舜乃在璇玑玉衡,以齐七政"。"璇玑"可能是定位北极点的仪器,其具体构造已很难知晓。"玉衡"是用来指向观测对像的玉管,像天平衡杆一样可以转动,类似于《营造法式》的"望筒"。将望筒对准"正南北"即天子午线上的恒星,就是一台简单的"中星仪"(图5)。

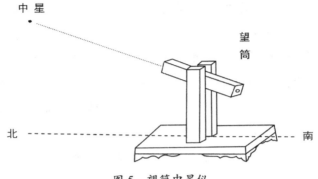

图 5　望筒中星仪

中星两次过中天的间隔是一个恒星日,《尧典》以366 个恒星日为一年。此外用中星仪很容易测得北极星、中星以及日月五星"中天"时的高度。"中天"高度是天顶距的余角,"中星"的天顶距加减北极的天顶距就是"去极度"(天顶以南加,天顶以北减)。因此从太阳"中天"(正午)时的高度易知其"黄道去极度",它是赤纬的余角。也就是说,"太阳赤纬"加"黄道去极"等于直角 90°。现代天文学原理告诉我们,"太阳赤纬"与其黄经具有一一对应关系,知道了赤纬就可以推知其黄经,故只需要知晓太阳的"黄道去极度"就可以唯一确定太阳在天球上的准确位置。而太阳位置是划分二十四节气、制定历法的基本依据。另一个方法就是从中星距离推算太阳距离，如前所引"古历冬至昏明中星去日九十二度"，由"日短星昴"向西推九十二度得知太阳"冬至点"在虚宿。总之，观象台可以测得回归年长度和冬夏二至的日期，用"璇玑玉衡"（中星仪）可以测得恒星年长度、昏（旦）"中星"和"日在"位置。

所谓"七政"，就是指太阳、月亮和金星、木星、水星、火星、土星等有各自的运行轨道和会合周期，谓之"七政各异"。通过观象台和中星仪等观测日月五星的位置，掌握"日月如合璧""五星如连珠"的周期，推算它们的共同起点，这就是历法的起算点"历元"和各种历法周期。以根据"中星"测得的恒星历统一日月五星历，就是"以齐七政"。掌握了天文历法，就等于知晓了"天命"。正因为如此，尧帝把"璇玑玉衡"亲手交给舜帝，等于宣布将"天命"和政权转交给了虞舜。

推测"璇玑玉衡"仪器可能安装在观象台上，隆重的"禅让"典礼也可能在观象台上举行。观象台和"璇玑玉衡"是"君权神授"的标志。因此可以说，陶寺观象台是尧舜"禅让"这一历史事件的实物见证。

十一

尧帝"禅让"首次否定了帝位继承中血统的权威性，但他并没有挑战"天命"，相反，强调了"君权神授"的合法性。虞帝执政伊始，就观象授时，"以齐七政"；祭祀上帝、祖宗及山川群神，巩固"君权神授"的政治基础。接着巡行天下，统一度量衡，修治五礼，制定五刑，惩治顽凶，于是"天下咸服"。尤其是启用夏禹治水，根治了水患。就这样，"君权"得到空前加强。舜帝也效法尧帝禅让，"舜亦以命禹"（《论语·尧曰》）。国家政权一再"禅让"给有"贤德贤能"的人，所以《史记·五帝本纪》称"天下明德皆自虞帝始"。此前的"君权"由于血缘世袭而具有天然的合法性，此后则由"天神"授予具有"明德"之人，由"君权世袭"一举而变为"君权神授"；君权本身则由"神权"一举而变为"王权"。尧舜"禅让"开启了中国历史的新篇章，观象台以及天文历法作为"天命"的载体，在这一历史巨变中扮演了重要角色。

自从尧舜"禅让"之后，"天命无常"的观念深入人心，这实际上为"革命"开启了合法的大门。夏禹的子孙世袭王权，君权又回归血缘世袭的传统，但历史已经发生巨变，神权时代已变成王权时代，随时都有发生"革命"的可能。成汤放桀，商革夏命；武王伐纣，周革殷命——都是打着吊民伐罪、顺天应人的旗号，采用暴力手段实现了世袭王权的更替。但仍然有所谓"禅让"即政权和平演变的历史事件发生，如曹魏受汉禅、赵宋受周禅等。从尧舜禹汤开始，"禅让""世袭""革命"等成为政权合法性的主要来源，一直贯穿中国文明史的全部历程。"天文历法"作为"君权神授"的标志，随着社会的进步，不断地进行改进和修订，成为中华文化博大精深的精髓所在，也是中华民族伟大智慧的象征。

（原载于《李下蹊华——庆祝李伯谦先生八十华诞论文集》，科学出版社，2017年，第236—258页）

对陶寺观象台春秋分日出偏离观测缝的解释

【内容提要】 陶寺观象台的春秋分观测缝日出在春分前两天、秋分后两天，这一偏离现象迄今未得到合理解释。理论上由于太阳视运动有快慢，昼夜平分时日出并不在正东方。传统历法测得太阳真位置与平位置在春秋分有最大偏离，即盈缩大分约为2°，近似于日出方位有2°偏离，时间相差约两天。一般春秋分平位置日出在90°正东方，陶寺有高山遮拦，平位置日出约在92°。传统历法求平太阳的真位置，定气在平春分前二日、平秋分后二日。陶寺地平历求真太阳的平位置，其平气在定春分前二日、定秋分后二日。故在94°观测缝中看到的日出在今春分前二日、秋分后二日。陶寺地平历与传统历法在平气的测定上，与定气的误差保持在相同的水平。

【关键词】 陶寺观象台 观测缝 春秋分日出 地平历

一、问题的提出

2000 年春至 2003 年冬，中国社会科学院考古研究所在山西省襄汾县新石器时代晚期陶寺城址的考古过程中，在陶寺文化中期城址的城墙边上探明一座半圆形大型夯土基址，年代距今约 4100 年左右，建筑总面积 1400 余平方米。初步发掘清理 600 多平方米夯土基址，发现有三道圆弧状夯土挡土墙，外层的两道构成二层台护坡，里边一层包含由 11 个夯土台柱组成的弧段，形成 10 道间隔大致相等的狭缝 [1]。2003 年冬至，考古工作者站在中心圆心点上，从一条狭缝中恰好看到太阳从对面崇山山头上升起 [2]。这条

---

[1] 何驽:《山西襄汾陶寺城址祭祀区大型建筑基址 2003 年发掘简报》，《考古》2004 年第 7 期。

[2] 武家璧、何驽:《陶寺大型建筑 II FJT1 的天文学年代》，《中国社会科学院古代文明研究中心通讯》2004 年第 8 期。

狭缝编号为东2号观测缝（E2），是一年中日出方位的最南点。后来又在外一侧发现第12和第13个夯土柱，两柱之间是夏至日出观测缝，中心观测点也被考古发现并准确定位[1]。自2003年至2005年考古队持续进行了两年的模拟观测，证实这处大型建筑基址具有观象授时的功能[2]。至此陶寺古观象台的考古发现基本完成。

在模拟日出观测的过程中，曾经发现冬至和夏至日出偏离观测缝中线约0.5°，天文学者解释说这是由于黄赤交角古大今小引起的。因现代的黄赤交角已经变小约0.5°，故今冬至日出比陶寺观测缝向北偏0.5°，今夏至日出向南偏0.5°，偏离现象得到了很好的科学解释。然而模拟观测到春秋分观测缝中的日出在春分

---

[1] 何驽：《2004—2005年山西襄汾陶寺遗址发掘新进展》，《中国社会科学院古代文明研究中心通讯》2005年第10期。何驽：《陶寺中期小城内大型建筑ⅡFJT1发掘心路历程杂谈》，《新世纪的中国考古学》，科学出版社，2005年。何驽：《山西襄汾陶寺中期城址大型建筑ⅡFJT1基址2004—2005年发掘简报》，《考古》2007年第4期。

[2] 何驽：《陶寺中期小城大型建筑基址ⅡFJT1实地模拟观测报告》，《古代文明研究通讯》2006年第29期。何驽：《陶寺中期观象台实地模拟观测资料初步分析》，北京大学古代文明中心编《古代文明》（第6卷），文物出版社，2007年。

前2天、秋分后2天，这一偏离现象并未引起人们的注意。笔者曾经在2005年举行的讨论陶寺城址天文观测遗迹功能的学术论证会上提出这一问题[1]，10多年过去了，至今尚未给出合理的解释。特撰此文，以资讨论。

二、测量数据

陶寺观象台是一个将人类工程与自然背景融为一体的景观建筑，它以背景山峰为巨大的照准器，来标定冬夏至和春秋分的日出方位，以实现观象授时的功能。为了更准确明晰地判断节气的到来，陶寺人在城墙边上兴建了这座观象台，把日出山头的标志性位置定格在观测缝中。这种对应关系，在二分二至观测缝中看得十分明显（图1）。

---

[1] 江晓原等：《山西襄汾陶寺城址天文观测遗迹功能讨论》，《考古》2006年第11期。

陶寺观象台与文明起源

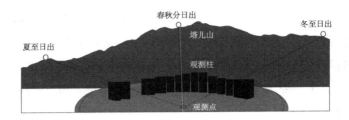

图1　陶寺观象台与背景山关系示意图

（背景山与观测缝的对应关系，在分至日出方位上十分明显）

考古队聘请专业科技公司测量了每一观测缝的方位角以及缝中所见背景山的高度角等数据，为了研究问题，我们将冬至、夏至和春秋分观测缝的测量数据列如下表（表1）。

表1　陶寺观象台分至观测缝数据

节气	观测缝	方位（°）	高度（°）	视宽（°）	二至间中线
夏至	E12	60.349	1.267	1.42	
春秋分	E7	94.464	4.266	0.76	92°.7
冬至	E2	125.046	5.809	1.23	

有关夯土台柱与观测缝的平面分布以及二分二至观测缝的关系，如图所示（图2）。

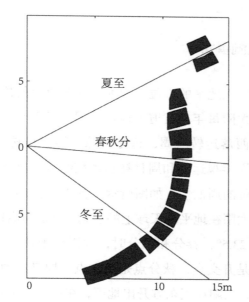

图 2   陶寺观象台日出观测缝平面图

（春秋分观测缝，并不在冬、夏至观测缝的标准中线上）

观察数据及平面图，我们很容易发现春秋分观测缝只有一条，而且并不在冬至、夏至观测缝的标准中线上。冬至观测缝与夏至观测缝的标准中线约为92.7°，而实测春秋分观测缝方位是94.5°，两者相差约1.8°。

三、观测事实

日出入地平的方位，与太阳在黄道上的位置密切相关。太阳每年在黄道上运行一周，每天又沿着赤纬圈东升西落运转一周，这是地球公转和自转的反映。太阳的周年视运动和周日视运动相结合，就产生了日出入方位的周期性。如图所示（图3），人站在大地中央观看太阳在地平和天球上的运动：黄道与赤道相交，交角为23.5°，春分和秋分时，太阳位于黄赤交点上，春分点是升交点，秋分点是降交点，周日运动沿着赤道进行，太阳在正东方升出地面，在正西方没入地面，正午时的太阳高度适中。一年之中，太阳只有在这两天才达到赤道并沿赤道圈升降和出入地平，也只有这两天从正东西向日出、日落，昼弧和夜弧长度相等，昼夜平分，故此叫春分和秋分。夏至和冬至时，太阳分别到达天顶的最高和最低位置，与赤道的距离最大，称为黄赤大距（23.5°）。夏至正午时太阳位置最高，沿北纬23.5°赤纬圈升降，日出入方位到达最北点，白昼弧最长。冬至时，太阳位置最低，沿南纬23.5°赤纬圈升降，日出入方位到达最南点，白昼弧最短。

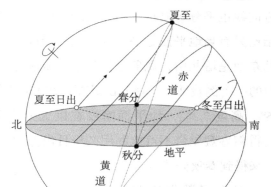

图 3 太阳的黄道位置与日出方位示意图
（实心圆点表示太阳的黄道位置，空心圆点表示日出位置）

　　根据上述原理，日出入方位与昼夜长短一样，也是划分季节的客观依据。测定昼夜长短需要借助漏刻等测时仪器，而观测日出入方位比较简单容易，仅凭借在同一地点多次观看和标记日出方向，就足以建立一套观象授时的体系。当经验形成后，可以物化为自然景观，也可以兴建人工建筑，将所有特定的日出（入）方向予以照准。

　　如同春秋分节气点平分昼夜长短一样，春秋分的日出方向线也平分冬夏至日出方向线之间的夹角。但这一结论只有当地平面是平坦的时候才能成立。陶寺城址的东面是塔儿山，观象台位于东南城墙外、朝向塔儿山的一个倒栽坡上，塔儿山最高处在 E5 缝中（方位 106°、高度 7.2°），地平面隐没在巨大的山体下。这就使得陶寺观象台不可能利用二至日出方向的标准中线，来得到春秋分节气。

　　上文的测量数据表明春秋分观测缝的方向为94.5°，相比二至日出方向的标准中线（92.7°），向南偏离了 1.8°。这一偏离现象，在日出模拟观测中得到进一步证实。我们将 2005 年连续观测的相关数据列如下表（表 2）。

表 2　春秋分前后的日出观测（2005）

观测日期	日出狭缝	备注
3 月 8 日	E6 号缝	
3 月 18 日	E7 号缝	春分前 2 天
3 月 28 日	E8 号缝	
9 月 14 日	E8 号缝	
9 月 25 日	E7 号缝	秋分后 2 天
10 月 6 日	E6 号缝	

　　观测显示，陶寺人把 E7 号缝作为春秋分的观测缝。

如果观测缝没有偏离，我们将看到在今《农历》的定春分（3月20日）和定秋分（9月23日）日期，太阳将在E7号缝中从塔儿山上升起。由于观测缝向南偏离，在 E7 号缝中出现的日出，比春分提前 2 天，比秋分推迟 2 天。这一观测事实可以图示如下（图4）。

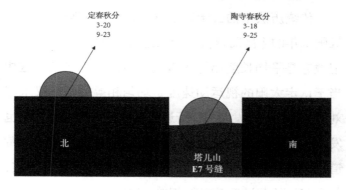

图 4　陶寺春秋分观测缝日出示意图
（春分前 2 天、秋分后 2 天，日出在观测缝中）

春分前后，日出方位由南向北改变，与之相反，秋分前后日出方位由北向南改变，其位移以春秋分日出方向为准线，往来对称。因此相对于陶寺春秋分的同一条观测缝，定春分和定秋分的日出方向也在同一条直线上。陶寺春秋分观测缝，相对于定春秋分日出准线有 1.8° 的向南偏离，这种偏离是怎样产生的？它能说明什么问题？它与传统历法有何关系？这是下面要讨论的问题。

四、传统历法中定气对平气的偏离

　　传统历法中的二十四节气，最早的完整记录见于战国末年的《吕氏春秋·十二纪》，《淮南子·天文训》记载它是平均长度相等的节气，后世称为平气。这相当于认定太阳的视运动速度是均匀相等的。东汉末年刘洪《乾象历》发现"日行迟速"现象，北齐张子信也发现了这一现象。隋刘焯《皇极历》提出以太阳的黄道位置（日躔）来平分二十四节气，由于日行有迟疾，每个节气的黄道度数虽然相等，但时间长度并不相等，称为定气。自刘焯以后历法皆用定气来计算日月躔离和交食等，但依然用平气来注明二十四节气，直至清朝《时宪历》才采用定气注历。

　　太阳的实际运动相对于平均运动存在偏离，太阳中心位置的实行度超过平行度称为盈分，落后于平行度称为缩分，这里"盈缩分"是单位时间内加快或减慢的距离，代表太阳视运动的加（减）速度。将"盈缩分"累积起来，称为"盈缩积"，又叫日躔差，现代天文学称为太阳中心差。以唐代僧一行《大衍历》的日躔表为例，如图所示（图4），在冬夏至有盈缩分（速度）的极值，在春秋分有日躔差（中心差）的极值。

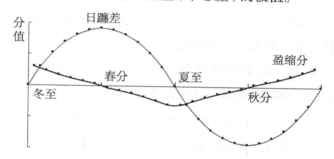

图4 《大衍历》的盈缩分与日躔差

（日躔差是盈缩分的积分，盈缩分是单位时间内的日躔差。在冬夏至有盈缩分的极值，在春秋分有日躔差的极值）

日躔差（中心差）的极值俗称"盈缩大分"，是非常重要的历法参数，是定气对平气的最大偏离值。《大衍历》日躔表中最大的盈缩积在春分时，有7366分，除日法3040，得其盈缩大分为：

7366/3040=2.423度（化为360°制=2°23′.29）

此值偏大且与古希腊依巴谷所测日行盈缩大分2°23′极为接近，因而有学者推测一行或有可能受到依巴谷的影响[1]。

中唐曹士蒍《符天历》提出一个日躔差算式，即太阳实行度（V）与平行度（M）之间的关系式[2]：

$$V-M=（182-M）M÷3300$$

边冈《崇玄历》对这一公式进行高度概括曰："令半交度先相减、后相乘，三千四百三十五除，为度（$V-M$）。"半交度即交点月的半周长（α），边冈取 $\alpha=181.8682$，除数 $k=3435$，据此列出下式[3]：

$$V-M=（181.8682-M）M÷3435$$

后人按边冈的总结把这一方法叫做"相减相乘"法，即二次函数公式。我们可以将其代数化：令 $y=k（V-M）$，于是有

$$y=（\alpha-M）M$$

这是一个单纯的"相减相乘"式，因 y 是日躔差

[1] 陈美东：《中国科学技术史·天文学卷》，科学出版社，1980 年，第 379 页。

[2] 〔日〕中山茂：《符天历の天文学史的位置》，《科学史研究》，1964 年（71）。〔日〕薮内清：《关于唐曹士蒍的符天历》，柯士仁译，《科学史译丛》，1983 年第 1 期。陈美东：《古历新探》，辽宁教育出版社，1995 年，第 332 页。

[3] 陈美东：《古历新探》，辽宁教育出版社，1995 年，第 346、414 页。

的放大倍数，故可反映日躔差的变化趋势。

二次函数式在几何上表示抛物线，抛物线的顶点就是其极值。为求日躔差的极值，可将上述代数函数转化为几何图像："半交度"可表示为和数：$(\alpha - M) + M \equiv \alpha$，该两数和是一个常数；$k$ 倍日躔差是一个积数：$y = (\alpha - M) \times M$，可表示为两边相乘的矩形面积。于是日躔差的极值问题可表述为：周长相等时，矩形面积以正方形为最大，这是"等周问题"的一个特例。即当 $(\alpha - M) = M, M = \alpha/2$ 时，日躔差有极值：

$$(V-M)_{极} = \alpha^2 \div 4k$$

由上式可算得曹士蒍的盈缩大分为：

$(V-M)_{极} = 1822 \div (4 \times 3300) = 2.509$ 度（2°.473）

边冈的盈缩大分为：

$(V-M)_{极} = 181.8682^2 \div (4 \times 3435) = 2.407$ 度（2°.373）

此后中国的中心差算法由表格插值法进入公式计算的新时代，历家主要在半交周（α）和除数（k）等参数上略加调整而已，所得盈缩大分（$2e$ 值）均为 2° 多，与理论值的误差在 24′.4—30′.1 之间，最佳值出自北宋周琮的《明天历》（1064 年）和皇居卿的《观天历》（1092 年），盈缩大分均为 2°.3655，与理论值仅差

24′.4[1]。

至元初王恂、郭守敬的《授时历》创立平、立、定三次"招差术",创新中心差算法。三差术基于以下观测事实:太阳在第 1 象限(盈初限:冬至—春分)和第 4 象限(缩末限:秋分—冬至)运行快,各需 88.909225 日;在第 2 象限(盈末限:春分—夏至)和第 3 象限(缩初限:夏至—秋分)运行慢,各需 93.712025 日。因此盈缩大分(盈缩极差)为:

(93.712025–88.909225)÷2=2.4014 度(2°.3669)

《元史·历志》卷五十四《授时历经上·求盈缩差》载三差术曰:

> 其盈初缩末者,置立差三十一……加平差二万四千六百……减定差五百一十三万三千二百……满亿为度。

> 缩初盈末者,置立差二十七……加平差二万二千一百……减定差四百八十七万六百……满亿为度。

---

[1] 陈美东:《古历新探》,辽宁教育出版社,1995 年,第 344—345 页。

其中定差、平差、立差分别指一次项、二次项、三次项的系数，据此可以写出公式：

$$10^8(V-M)=31M^3+24600M^2-5133200M \quad （第1、4象限）$$

$$10^8(V-M)=27M^3+22100M^2-4870600M \quad （第2、3象限）$$

将 M=88.91 代入上式、M=93.71 代入下式，均得到盈缩极差：$(V-M)$极 =2.4 度（2°.3656）。

由此可知其平、立、定三差的系数，是由盈缩大分（2.4度）决定的，这是一个实测数据。《元史·历志一》卷五十二《授时历议上·日行盈缩》载曰：

> 当春分前三日，交在赤道……当秋分后三日，交在赤道……
>
> 盈初缩末，俱八十八日九十一分而行一象；缩初盈末，俱九十三日七十一分而行一象。
>
> 盈缩极差，皆二度四十分。由实测晷景而得，仍以算术推考，与所测允合。

至此，运用中国古代理论，解释了在春分前三日、秋分后三日，太阳才真正到达黄赤交点上。清朝《时宪历》以前颁行的历法都用平气，平春分、平秋分时太阳并不在黄赤交点上；而定春分、定秋分时太阳必在黄赤交点上。太阳走过盈缩大分2.4度在时间上需要两天多，才能由定气的春分到达平气的春分，或者由平气的秋分到达定气的秋分。依据《授时历》数据，假设在冬至日出方向和夏至日出方向之间选择中分线作为春秋分的日出观测缝，其日出之时就相当于历法的平气，必然在平春分前三天看到观测缝日出，而在平秋分后三天看到观测缝日出。

元赵友钦《革象新书》曾提出用单表测"地中"（大地中央）的方法[1]，其中利用定气春秋分日影以测"正南北"（过地中的南北向），其术云：

于春分前二日或秋分后二日，日正当赤道之际，于卯酉中刻，视其表景，画地以定东西准绳。若卯酉两景相直而不偏，平衡成一字，则南北正中矣。两景或曲而向南,则其地偏南；或曲而向北,

[1] 〔元〕赵友钦:《革象新书》卷二《天地正中》,《续金华丛书》本,1924 年。

则其地向北矣。

太阳只有位于黄赤交点上，才可能在日出入地平时交于正东西（卯酉）向（图3）。赵友钦的测"地中"法，在地平盖天说的假设前提下是正确的，但与事实不符[1]。《授时历》取盈数，认为太阳在春秋分前后三日至赤道；赵友钦取约数，认为太阳在春秋分前后二日至赤道。谁的观点更接近事实呢？

中国古代的日躔差，是太阳实际行度与平均行度之间的差值，相当于现代天文学中的真近点角（V）与平近点角（M）之差。如图所示（图5）：真太阳实际在椭圆轨道上运行，地球位于椭圆的焦点上，日地连线扫过的掠面积扇形的夹角（V）就是真近点角；作辅助圆，其圆心与椭圆的圆心（O）重合，使假想的平太阳在圆上匀速运行，平太阳与圆心连线扫过的掠面积扇形的夹角（M）就是平近点角。这时辅助圆上的扇形与椭圆上的扇形面积之比，等同于椭圆半长轴与半短轴的比。

---

[1] 关增建：《中国天文学史上的地中概念》，《自然科学史研究》2000年第3期。

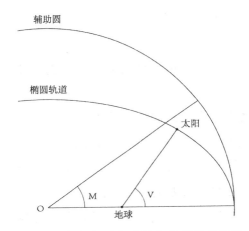

图 5 平近点角（M）与真近点角（V）示意图

（辅助圆上的扇形与椭圆上的扇形面积比，等于椭圆半长轴
与半短轴的比）

根据现代天文学理论，真近点角（V）与平近点角
（M）之间，有如下关系 [1]：

$$V = M + 2e\sin M + \frac{5}{4}e^2\sin 2M + \cdots\cdots$$

这是开普勒定理关于真近点角的三角函数展开
式，其高阶项是无穷小量，一般取到二次项就足够了。
式中 e 为黄道偏心率，等于椭圆半焦距与半长轴的比。

[1]〔法〕A. 丹容：《球面天文学和天体力学引论》，李珩译，科学出版社，
1980 年，第 186 页；陈美东：《古历新探·日躔表之研究》，辽宁教
育出版社，1995 年，第 322—331 页。

立刻观察到，当 $M=90°$ 时，日躔差（$V-M$）有最大值，且

$$(V-M)_极=2e$$

此即中国古代的"盈缩大分"。古希腊托勒密将 $2e$ 值定为 143′（约合中国古度 2.42 度），也许是从喜帕卡斯（又译"伊巴谷"）那里得来，哥白尼求得更确切的数值为 111′（1.85°）[1]。

由此我们明白了日躔差"盈缩大分"的物理意义，即太阳视运动轨道偏心率的两倍值。它是一个随时间变化的量，有公式 [2]：

$$e= 0.01670862 – 0.00004204T – 0.000000124\ T^2$$

式中 T 是从标准历元（J2000.0）算起的儒略世纪数。据此算得 4000 年以来的 $2e$ 值（盈缩大分），约在 1.7°—1.9° 间变化。中国古代历法的 $2e$ 值都超过 2 度，普遍偏高。

我国现行的《农历》是清朝《时宪历》的延续，采

---

[1] 〔法〕A. 丹容:《球面天文学和天体力学引论》,李珩译,科学出版社,1980 年，第 62 页。

[2] 中国科学院紫金山天文台:《2000 中国天文年历》,科学出版社,1998 年，第 503 页。

用定气注历，现代$2e$值为$1.9°$，相当于日行两天的时间，因此现代定春分在平春分的前两天，而定秋分在平秋分的后两天。在古代，这是平气和定气之间的最大差值。定春秋分的日出方向，与平春秋分的日出方向，在地平圈上保持约两天位移的地平经差。

五、问题讨论

陶寺观象台春秋分观测缝对定春秋分日出方位的偏离，与传统历法中平气对定气的偏离，在本质上是相同的。理想的状况都是要找到真正平分昼夜的那一天作为定春秋分，就是以太阳位于升交点的那天为春分，位于降交点的那天为秋分。如果太阳的视运动是匀速的，那么昼夜平分的那一天必定可见太阳从正东方升起、正西方落入地平面。然而太阳运动的不均匀性使得昼夜平分与日出入正东西发生了偏离，于是制定历法可以采用两种标准，一种以昼夜漏刻为标准，一种以日出（入）方位为标准，传统历法属于前者，陶寺地平历属于后者。

陶寺地平历无法找到真正平分昼夜的那一天作为

春秋分，这是由于它的地平历性质决定的。隋唐以后的传统历法，能够计算定气时日，却仍然采用平气注历。在日出方位上，陶寺地平历的春秋分，向南偏离定春秋分2天；传统历法的春秋分，向北偏离定春秋分2天，如图所示（图6）。

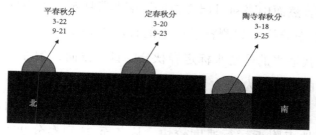

图6　陶寺春秋分日出与定气、平气的比较

事实表明陶寺古历与传统历法相对定气的误差，具有相同的精度，最大误差均在两天左右，不超过三天。这就表明陶寺观象台春秋分观测缝的定位，并非随意所为，而是具有更深层次的原因。我们认为其根本原因就是地平历本身。

陶寺观象台能够测得真冬至和真夏至的日出方位，但不能测得定春秋分的日出方位。冬夏至日出准线的中分线约92°，这是由于塔儿山遮挡了地平线上的日出造成的，如果没有塔儿山，二至准线的中分线必在90°。为什么陶寺人不利用92°方位制成春秋分观测缝，而要另求它值呢？因为当二至准线确定之后，这个92°中分线却不再受山高的影响，无论中分线所在的山有多高，都不能改变92°是中分线这一事实。然而山高对日出方位的影响非常明显，这就使得92°中分线对观测背景山上的日出失去了意义。必须寻找适当的位置来标定春秋分的日出方向，陶寺人找到的方位约为94°。

定春秋分是真正平分昼夜的那一天，由于太阳在近地点附近运行速度较快，从冬至0°到春分90°走完第一象限实际上只花了约88天，按平均速度计算，我们记为太阳平位置 $M=88°$，真位置 $V=90°$，得到太阳的平位置与真位置相差2°左右（取 $2e \approx 2°$），即：$V-M=2e$。由于涉及计算的角度较小（2°左右），下面我们忽略黄道坐标与地平坐标的差异，即认为盈缩大分对应的黄道宿度（$V-M$）与地平经差（$A\Delta$）近似相等，并略除相关数据的尾数进行估算，这样方便于定性地讨论问题。

六、证明与结论

当地平线平坦时 90° 被认为是平春秋分日出位置，因塔儿山遮挡 92° 被陶寺人看作是平春秋分日出位置。平气不是真正平分昼夜的那一天，经验告诉人们，春秋分的太阳真位置比平位置要大约 2°（即 $V{-}M \approx 2°$）。同样采用平气注历，历法上有两种选择：求平太阳的真位置或者求真太阳的平位置，传统历法属于前者，陶寺地平历属于后者。举例证明如下：

（一）求平太阳的真位置。例如，春分时有盈分大值，可利用 $(V{-}M)_{极} = 2e$（$\approx 2°$）来估算春分平太阳与真太阳的位置。方位角（A）从北往南度量，近点角（M 和 V）从南往北度量，在 90° 时重合（陶寺受山高影响在约 92° 时重合），于是有：

平太阳 M =90°，A=90°，对应于真太阳 V=92°，A=88°；

当真太阳 V=90° 时，对应于平太阳 M=88°，A=92°，即太阳约在 88 天内走过第一象限 90°。

这就是隋唐至明代传统历法的安排。以平气注历，可知太阳位置如赵友钦《革象新书》所言："春分（平气 A =90°）前二日（定气 A =92°），日正当赤道（真位置 V =90°）。"同理可证：秋分（平气）后二日（定气），日正当赤道（V =90°）。

（二）求真太阳的平位置。一般情况下东方地平面无障碍物，那么春分时真太阳（V =90°、A =90°），对应平位置（A =92°、M =88°）。相对于陶寺有背景山的情况而言，真太阳 V =92°，对应平位置 M =90°，把平位置换算成日出方位，就是平气观测缝的位置。

陶寺地平历只能求得太阳的平均位置，确定这个平均位置的参照标准就是二至准线的 92° 中分线。假设定春分时，真太阳在中分线上（V =92°），那么平太阳必在此线之南（M =90°）。方位角（A）从北往南度量，近点角（M）从南往北度量，在塔儿山顶上以 92° 为参照标准（方位角、近点角重合），那么近点角 90°（M），在 92° 往南减小 2°，相当于方位角（A）从 92° 往南增加 2°，即 A = 94°，这时的真太阳（V）在 92° 方位上。因此，对陶寺地平历的春分而言，真太阳的位置是：A =92°，V =92°（相当于无障碍地平 A =90°，V =90°），平太阳的位置是：A =94°，M =90°。

近点角的减小与方位角的增加是同步进行的，减小与增加的幅度较小（$\approx 2e$），故我们认为近似相等，从而讨论了问题的性质，并得到基本结论。在陶寺人看来，太阳出现在春分的平均位置（$M=90°$）时，它的日出方位在 94°。陶寺地平历的节气虽然不能等同于后世的二十四节气，但它不是定气而是平气的性质是可以肯定的。因此春分平太阳的方位角 $A=94°$，就是陶寺观象台春秋分观测缝的必然选择。

总之，陶寺观象台制定的地平历，与秦汉以后包含二十四节气的阴阳合历，不属于同一个体系，但它们关于太阳平位置与真位置的误差，保持在大致相同的水平。地平历在中国文明起源和早期发展史上占有重要地位，这是值得我们认真思考和深入研究的。

（收入《陶寺发掘四十年国际论坛论文集》，待出版）

陶寺遗址的历史地理研究

　　陶寺遗址位于山西襄汾县城东北约 7.5 公里的陶寺乡陶寺村南、塔儿山西麓，分布在陶寺、李庄、中梁、东坡沟四村之间，总面积达 300 余万平方米。这里发现的陶寺古城是陶寺文化分布区域内最高等级的中心遗址。陶寺文化集中于晋南的临汾盆地，包括汾河下游及其支流浍河流域。陶寺文化广泛分布于临汾、襄汾、侯马、翼城、曲沃、绛县、新绛、稷山、河津、霍县、洪洞、浮山等地，尤以崇山（今俗称塔儿山）周围、汾浍之间大型遗址较多。据不完全统计，在晋南发现的陶寺文化遗址有 80 多处 [1]，一说有 90 多处 [2]。

---

[1]　杨锡璋、商炜主编：《中国考古学·夏商卷》，中国社会科学出版社，2003 年，第 58 页。

[2]　张之恒：《陶寺文化中的古文明因素》，《中国文物报》2005 年 6 月 10 日第 7 版。

最北分布至临汾盆地北端的霍县，最南在汾河下游的河津县也有发现；但在紧邻的晋西南运城盆地及晋东南沁河流域却没有发现。一个考古学文化集中分布在相对独立的比较小的地理单元——狭长的盆地内，这在全国也是比较罕见的现象。在这个区域内有丰富的历史传说，与陶寺文化的考古学年代（公元前2500—前1900年）大致相当，例如关于崇山、夏墟、尧都平阳的记载等等，这使我们可以把考古学文化与历史记载联系起来，为探讨我国的文明起源做出新贡献。本文搜集与陶寺遗址有关的历史地理记载和传说故事，进行耙疏整理，希望对陶寺考古研究能有所裨益。

一、尧都平阳

平阳在春秋时为晋公族羊舌氏封地，羊舌氏辖有铜鞮、杨氏、平阳三邑。《左传·昭公二十八年》（前514年）载：

> （晋）灭祁氏、羊舌氏……魏献子为政，分祁氏之田以为七县，分羊舌氏之田以为三县。……

赵朝为平阳大夫。

魏献子（魏舒）举六卿之族为各县大夫，量才录用，孔子曾称赞魏献子："近不失亲，远不失举，可谓义矣。"这是"平阳"较早出现在可靠的文献记载中。也是最早出现的"平阳县"。《史记·韩世家》：

> 晋定公十五年（前497年），宣子与赵简子侵伐范、中行氏。宣子卒，子贞子代立。贞子徙居平阳。

《索隐》："系本作'平子'，名须，宣子子也。又云'景子居平阳'。平阳在山西。宋忠曰'今河东平阳县'。《正义》平阳，晋州城是。"顾祖禹《读史方舆纪要》卷一"历代州域形势"："贞子徙平阳即尧都也。"《史记·秦本纪·正义》引：

> 《韩世家》云"贞子居平阳，九世至哀侯，徙郑"。《楚世家》云"而韩犹服事秦者，以先王墓在平阳"。

据此可知平阳在春秋晚期为韩国早期都城，那里有韩国先王墓葬。

汉高祖元年（前206年）以平阳故地为西魏国，次年魏王豹被平后置平阳县，属河东郡。三国魏亦称平阳县，为平阳郡治。北魏初仍称平阳县，太平真君六年（445年）并入禽昌县，太和十一年（487年）复置平阳县。先后为东雍州治、唐州治。

至于平阳与临汾的关系，隋开皇元年（581年）改平阳县为平河县，三年改名临汾县。自此临汾县名历代不改。临汾县治在隋为临汾郡治，唐为晋州治，宋为平阳府治，元为晋宁路治，明、清为平阳府治。北魏唐州故治原在今临汾西南二十里金殿村，建义元年（528年）改唐州为晋州，移治白马城，即今临汾市（《太平寰宇记》）。

汉以后流行"尧都平阳"的说法。《汉书·地理志》：

> 河东土地平易，有盐铁之饶，本唐尧所居，《诗·风》唐、魏之国也。……至成王灭唐，而封叔虞。唐有晋水，及叔虞子燮为晋侯云，故参为

晋星。其民有先王遗教，君子深思。小人俭陋。……
吴札闻《唐》之歌，曰："思深哉！其有陶唐氏之
遗民乎？"

《汉书·地理志》"河东郡平阳"条下颜师古注引
应劭曰：

（平阳）尧都也，在平河之阳。

此后典籍中关于"尧都平阳"的记载不绝于史。
《后汉书·郡国志》：

河东郡，秦置，雒阳西北五百里。……平阳：
侯国。有铁。尧都此。

注云："《晋地道记》曰有尧城。"《晋书·载记·刘
元海》载：

平阳有紫气，兼陶唐旧都。

〔晋〕皇甫谧《帝王世纪》云：

　　尧都平阳，于诗为唐国。
　　尧为天子，都平阳。禹受舜禅，都平阳。舜所都，或言平阳，或言潘。

《史记·外戚世家·正义》引《括地志》云：

　　平阳故城即晋州城西面，今平阳故城东面也。《城记》云：尧筑也。

《史记·秦本纪·正义》：

　　唐，今晋州平阳，尧都也。

　　与平阳城有关的地名有平山、平水以及与尧帝故事密切相关的姑射山等。《海经·北山经》：

　　又东南三百二十里，曰平山。平水出于其上，潜于其下，是多美玉。

《山海经·东山经》曰：

> 庐其之山……又南三百八十里，曰姑射之山，无草木，多水。

《庄子·逍遥游》：

> 藐姑射之山，有神人居焉。肌肤若冰雪，淖约若处子；不食五谷，吸风饮露；乘云气，御飞龙，而游乎四海之外。
>
> 尧治天下之民，平海内之政。往见四子藐姑射之山，汾水之阳，杳然丧其天下焉。

《晋书·地理志》：

> 平阳郡，故属河东。魏分立、统县十二……平阳、旧尧都侯国。

《水经·汾水注》：

汾水又南径平阳县故城东。晋大夫赵晁之故邑也。应劭曰：县在平河之阳，尧舜并都之也。《竹书纪年》：晋烈公元年，韩武子都平阳。汉昭帝封度辽将军范明友为侯国，王莽之香平也。魏立平阳郡，治此矣。水侧有尧庙，庙前有碑。《魏土地记》曰：平阳城东十里，汾水东原上有小台，台上有尧神屋石碑。永嘉三年，刘渊徙平阳，于汾水得白玉印，方四寸，高二寸二分，龙纽。其文曰：有新宝之印，王莽所造也。渊以为天授，改永凤二年为河瑞元年。汾水南与平水合，水出平阳县西壶口山，《尚书》所谓壶口冶梁及岐也。其水东径狐谷亭北，春秋时，狄侵晋，取狐厨者也。又东径平阳城南，东入汾。俗以为晋水，非也。汾水又南历襄陵县故城西，晋大夫郤犫之邑也，故其地有犫氏乡亭矣。西北有晋襄公陵，县，盖即陵以命氏也，王莽更名曰干昌矣。

又南过临汾县东。天井水出东陉山西南，北有长岭，岭上东西有通道，即钘隥也。《穆天子传》曰：乙酉，天子西绝钘隥，西南至盬是也。其水三泉奇发，西北流，总成一川，西径尧城南，又西流入汾。

《隋书·地理志》：

临汾，后魏曰平阳，并置平阳郡。开皇初改郡为平河，改县为临汾。

《元和郡县图志》卷十二：

晋州，《禹贡》冀州之域，即尧、舜、禹所都平阳也。

平山，一名壶口山，在县西八里，平水出焉，今名姑射山。

〔唐〕杜佑《通典·州郡》古冀州：

临汾，汉平阳县，有姑射山，又有故尧城县。

《太平御览·地部十》平山：

《隋图经》曰：平山，在平阳，一名壶口山，《尚书》谓"壶口治梁及岐"，即此也。今名姑射山，在县西，平水出其下。

又《山海经》曰："宪山之南三百里，有姑射山。"

又《庄子》云："尧见姑射神人，杳然丧其天下。"即是此山也。

《山西通志》：

平阳禹定冀州之地，尧舜相继都之，以其地在平水之阳，固名。

《清史稿·地理志》山西：

平阳府，有姑射山，一名平山。平水东注之。

襄陵，府西南三十里。……东南：崇山。西南：

三嶝。东有汾水自临汾入，右合平水。又诸山涧
水三派东注，入太平、赵曲镇。

《山西历史地名録》[1]：

平水，在临汾西，源出平山，故名。一名平
阳水，俗名龙寺水。《水经注》称，亦为晋水。
龙寺，在临汾西三十多里，又称龙子祠。有
山泉，泉水四季喷吐，清彻见底，风景颇佳。

龙子祠，位于临汾城西南18公里的姑射山麓，龙子祠
的泉水，为平水源泉。现为临汾著名的旅游景点。姑
射山旧称平山。龙子泉水即潜出于平山脚下，故又称
平水。

至于平阳城的具体位置，有赖于关于刘渊金城的
记载。明万历本《临汾县志·古迹》载：

---

[1] 刘纬毅编，郝数侯校：《山西历史地名録》(《地名知识》专辑修订
本），山西省地名领导组、《地名知识》编辑部出版，1979年，第
192、193 页。

刘渊城，在城西南二十里，晋永嘉末，渊僭
号初居蒲子，后筑此为陶唐金城。都之。

《山西历史地名録》[1]：

刘渊城，在临汾市西南二十里。《读史方舆
纪要》称，晋永嘉年"刘渊筑此城，自蒲子徙都
之，即平阳城也"，"刘渊城今名金店"，又称金城，
今为金殿村，属临汾县。按，刘渊，十六国时期
汉国的建立者，字元海，匈奴族，西晋末年于离
石起兵，称大单于，后称汉王。建元元熙（304），
五年（308）称帝，都平阳。

文献典籍记载平阳在临汾金殿，言之凿凿，但在
今金殿村附近一直没有发现有史前遗存，更不用说城
址了。与金殿近在咫尺的襄汾陶寺，发现了一个龙山
时代的史前古城。不过史籍记载的平水、平阳都在汾

<hr/>

[1] 刘纬毅编，郝数侯校：《山西历史地名録》（《地名知识》专辑修订
本），山西省地名领导组、《地名知识》编辑部出版，1979年，第
191页。

河以西，而陶寺却在汾河以东。陶寺虽然不合"平水之阳"的地望，但却与文献记载中的唐邑、夏墟在汾水以东相符合。

陶寺距离"古平阳"大约 20—30 公里，又发现了龙山古城，于是人们很自然地把陶寺遗址看作是平阳旧都的延伸与扩充，把陶寺包括进"平阳"地区了。早在 1987 年苏秉琦先生发表《华人·龙的传人·中国人——考古寻根记》一文指出襄汾陶寺遗址是"帝王所都"，晋南是陶寺文化时期（舜）的"中国"，与夏商周时期的"中国"、秦统一的"中国"形成中国国家起源与发展阶段三部曲即"古国——方国——帝国"的历史进程。1999 年在《中国文明起源新探》一书中，苏秉琦先生称陶寺文化遗存是帝尧及其陶唐氏部族点燃的"最早、也是最光亮的文明火花"[1]。

1987 年王文清先生提出"陶寺遗址、墓地的文化遗物，在地望、年代、器物、葬法和赤龙图腾崇拜迹象等方面，基本上与帝尧陶唐氏的史迹相吻合，很可

---

[1] 苏秉琦：《中国文明起源新探》，三联书店，1999 年。

能是陶唐氏文化遗存"[1]。王克林、黄石林、卫斯等先生先后撰文论述陶寺遗址即尧都所在[2]。

二、崇山地望考

崇伯鲧的"崇"地在什么地方呢？据王青先生总结，比较有影响的说法大约有如下四种[3]：

第一种是较为普遍的说法，即认为这个"崇"是崇山，今名嵩山，在河南省登封县境内。

《国语·周语上》说："有夏之兴也，融降于崇山。"韦昭注："崇，崇高山也，夏居阳城，崇高所近。"《太平御览》卷三十九《嵩山》条下引韦昭注："崇、嵩字古通用，夏都阳城，嵩山在焉。"段玉裁《说文解字注》认为崇、嵩古通用，夏都阳城，嵩山即是崇山，秦名

---

[1] 王文清：《陶寺遗存可能是陶唐氏文化遗存》，《华夏文明》（第一辑），北京大学出版社，1987年。

[2] 王克林：《陶寺文化与唐尧、虞舜——论华夏文明的起源（下）》，《文物世界》2001年第2期。黄石林：《陶寺遗址乃尧至禹都论》，《文物世界》2001年第6期。卫斯：《"陶寺遗址"与"尧都平阳"的考古学观察》，《襄汾陶寺遗址研究》，科学出版社，2007年。

[3] 王青：《鲧禹治水神话新探》，《河南大学学报》1992年第1期。

"大室"，汉武帝之时，中岳太室山才改名为崇高山。《史记·封禅书》"太室，嵩高也……（武帝）礼登中岳太室。……于是以三百户封太室奉祠，命曰'崇高邑'"。《后汉书·灵帝纪》"复崇高山以为嵩高山"。顾颉刚、刘起釪先生认为"古无嵩字，以崇为之，故《说文》有崇无嵩。……可知崇就是后代的嵩，亦即现在河南登封附近嵩山一带"[1]。然而刘俊男先生认为如果说嵩、崇二字通用，汉灵帝何必多此一举，将其名称改来改去呢？改名本身正说明古崇山不是中岳嵩（崧）山。[2]

第二种说法是崇侯虎之崇国，即文王伐崇的崇国，此崇为商之属国。

陈全方先生即认为"'崇伯'，当是商末周初之'崇伯'，即崇侯虎"[3]。此说又有两派意见：一种意见认为，崇在今陕西鄠（户）县东。罗泌《路史》说："鄠县古崇国也。夏，有扈氏国，商为崇国。商之崇邑，今永兴

---

[1] 顾颉刚、刘起釪：《〈尚书·西伯戡黎〉校释译论》，《中国历史文献研究集刊》（第一集），湖南人民出版社，1980年。

[2] 刘俊男：《崇山羽山与南岳衡山辨》，《华夏上古史研究》，延边大学出版社，2000年。

[3] 陈全方：《周原与周文化》，上海人民出版社，1988年，第131页。

鄠县北二里有故城。"郑樵《通史》:"崇在夏为鄠,在商为崇。"另一种意见认为文王所伐之崇应在丰邑附近。《诗经·大雅·文王有声》曰:"既伐于(邘)崇,作邑于丰。"《史记·周本纪》曰:"伐邘,明年伐崇侯虎。"《正义》皇甫谧云:"崇国盖在丰镐之间。"今在西安市郊老牛坡遗址发现有商代遗存,学者或认为此即古崇国所在地。[1]

第三种说法是赵穿所侵之崇。

《左传·宣公元年》:"晋欲求成于秦,赵穿曰:'我侵崇,秦急崇,必救之,秦之与国。吾以求成焉。'冬,赵穿侵崇,秦弗与成。"杜预注:"崇,秦之与国也。"《太平御览》卷一五五引《帝王世纪》云:"夏鲧封崇伯。故《春秋传》曰谓之'有崇伯鲧',国在秦晋之间。《左氏传》曰:'赵穿侵崇是也。'"王夫之《稗疏》云:"此崇国必在渭北河湄,虽与秦,而地则近晋。"王青先生据此认为:"鲧部落之聚居地以与芮城境内之共水为是。'赵穿侵崇'之崇地应该不出芮城之范围。"[2]

---

[1] 刘士莪:《老牛坡》,陕西人民出版社,2002年,第357—361页。

[2] 王青:《鲧禹治水神话新探》,《南京师范大学文学院学报》2003年第3期。

第四种说法是襄汾崇山。

《读史方舆纪要》说:"崇山在(襄陵)县东南40里,一名卧龙山,顶有塔,俗名大尖山,南接曲沃、翼城县,北接临汾浮山县。"《一统志》指"塔儿山"为"崇山"[1]。塔儿山可能是《水经注》中所指的"东陉山"。《山西历史地名録》载:[2]

> 东陉山,即曲沃县东北五十里之塔儿山,为曲、翼、襄各县之界山。《水经注》:"天井水出东陉山西,南北有长岭,岭上东西有通道。即铜镫也。"

塔儿山上的宝塔颇有来历,据《曲沃县地名志》载:[3]

> 崇山《尔雅释诂》"乔、嵩、崇、高也"。因

---

[1] 〔明〕李贤、彭时等:《大明一统志》卷二○《平阳府·山川》,三秦出版社,1990年。

[2] 刘纬毅编,郝数侯校:《山西历史地名録》(《地名知识》专辑修订本),山西省地名领导组、《地名知识》编辑部出版,1979年。

[3] 宋思远:《曲沃地名志》,曲沃县县志编纂委员会办公室,2012年。

貌得名。为太行山支脉，故别称之为太尖山。又因山顶建有七级浮图。矗立霄汉。故名俗称塔儿山。山势险峻，巍然高峙，海拔1491.6米，乃崇山之最高峰，位于县城东北30公里处，为曲、襄、翼、浮四县交界。山怀古有"山塬寺"，兴建于唐天宝年间。《县志》唐释昙璨天宝元年游山中，二兔引径入。因其戒行清洁，龙神听讲，后人建寺祀之。唐广德二年（公元764年）晋绛守张光俊、扬子宏表奏代宗（唐代宗李豫）敕锡"普救寺"额并赐昙璨号"慈济大师"。西北峰浮图乃昙璨兴建，塔后有石室。为昙璨修炼处。

崇山为夏民族早期活动区域。《国语周语上》"昔夏之兴也，融降于崇山"。《太平舆地志》"唐始封冀州之域，乃大夏之墟也"。据考曲、翼夏时在冀州域。《史记集解》"大夏在汾、浍之间"。由此看来，崇山是探讨夏文化的一个地理标志。新中国建立后，不少考古学家为探讨夏墟，在崇山周围之陶寺，小巨至方城，天马至曲村等地，进行了地下发掘，出土不少夏文化。

知此塔乃唐僧昙璨在天宝年间所建。《史记·夏本纪》刘起釪注译："鲧居地在崇（山西襄汾、翼城、曲沃之间的崇山），称崇伯。"[1]陈昌远先生认为："古崇国应在今山西南部襄汾崇山，即夏族兴起地。"[2]何光岳先生研究，崇人约在唐虞以前随夏部落联盟越过岷山顺渭水东下，迁至今山西省襄汾县一带，处于帝尧部落联盟的中心地区。今塔儿山古名崇山，因崇人迁居而得名[3]。杨国勇先生也主张襄汾崇山与崇伯鲧及夏族兴起有关[4]。

三、尧葬崇山

关于尧帝葬地，文献记载有成阳、榖林、蚩山之阴、狄山之阳、崇山等多种说法，以成阳说和崇山说两种说法影响较大。

---

[1] 王利器：《史记注译》，三秦出版社，1988年。

[2] 陈昌远：《"虫伯"与文王伐崇地望研究——兼论夏族起于晋南》，《河南大学学报（社会科学版）》1992年第1期。

[3] 何光岳：《炎黄源流史》，江西教育出版社，1992年。

[4] 杨国勇：《华夏文明研究：山西上古史新探》，中国社会科学出版社，2002年，第71页。

（一）尧葬成阳说

成阳说的文献记载较多，如班固《汉书》卷二十八《地理志上》：

> 济阴郡，故梁。景帝中六年别为济阴国。宣帝甘露二年更名定陶。《禹贡》荷泽在定陶东。属兖州。……县九：定陶，故曹国，周武王弟叔振铎所封。《禹贡》陶丘在西南。陶丘亭。……成阳，有尧冢、灵台。《禹贡》雷泽在西北。

"灵台"一般指与祭祀和天文观测有关的台式建筑，《诗经·大雅·灵台》："经始灵台，经之营之。"描写周人建筑灵台并在祭坛上进行祭祀的情景。汉魏以后的国家天文台都叫"灵台"。汉济阴郡郡治在今山东定陶县。成阳县在今山东菏泽东北。郭缘生《述异记》云："'城阳县东有尧冢，亦曰尧陵，有碑'是也。""碑"指《山东通志·古迹志》所云汉永康元年济阴太守孟郁所修《尧庙碑》。（杨守敬《水经注疏》引：赵云：按《隶释》有济阴太守孟郁修《尧庙碑》，威宗永康元年，又《帝尧碑》，灵帝熹平四年，与《成阳灵台碑》俱云，《水经》有，今本只有成阳令管遵所立碑，即成阳灵台也。上二碑无之，盖缺失矣。会贞按：洪氏盖因《注》言，并引数碑，包孟郁修《尧庙碑》主《帝尧碑》在内，故云《水经》有，非缺失也。说见《渭水》篇华山碑下）

《吕氏春秋·安死篇》载"尧葬穀林"，被认为与成阳有关。晋皇甫谧《帝王世纪》：

> （尧）年百十八，在位九十八年，葬于济阴之城阳西北，是为穀林。

郦道元《水经注》卷二十四"瓠子注"：

> 《帝王世纪》曰：尧葬济阴成阳西北四十里，是为穀林，墨子以为尧堂高三尺，土阶三等，北教八狄，道死，葬蛩山之阴。《山海经》曰：尧葬狄山之阳，一名崇山。二说各殊，以为成阳，近是尧冢也。余按小成阳在成阳西北半里许实中，俗嗻以为囚尧城，士安盖以是为尧冢也。
>
> 《地理志》曰：成阳有尧冢灵台，今成阳城

西二里，有尧陵，陵南一里，有尧母庆都陵。于城为西南，称曰灵台，乡曰崇仁，邑号修义，皆立庙。四周列水，潭而不流，水泽通泉，泉不耗竭，至丰鱼笋，不敢采捕。前并列数碑，栝柏数株，檀马成林，二陵南北，列驰道径通，皆以砖砌之，尚修整。尧陵东城西五十余步，中山夫人祠，尧妃也。石壁阶墀仍旧，南、西、北三面，长枥联荫，扶疏里余。中山夫人祠南，有仲山甫冢，冢西有石庙，羊虎倾低，破碎略尽，于城为西南，在灵台之东北。按郭缘生《述征记》，自汉迄晋二千石及丞尉，多刊石，述叙尧即位至永嘉三年二千七百二十有一载，记于尧妃祠。见汉建宁五年五月，成阳令管遵所立碑，文云：尧陵北，仲山甫墓南，二冢间有伍员祠。晋大安中立一碑，是永兴中建，今碑祠并无处所。又言尧陵在城南九里，中山夫人祠在城南二里，东南六里尧母庆都冢，尧陵北二里，有仲山甫墓。

顾祖禹《读史方舆纪要》卷三十三"山东四·兖州府下"：

灵台，在故成阳县西。尧冢也。《吕氏春秋》：尧葬穀林。《后汉志》：成阳有尧冢灵台。元和二年，东巡狩，遣使祀尧于成阳灵台。又延光三年，复使使者祀焉。皇甫谧曰：穀林即成阳也。郑玄云：班固谓尧作游成阳,盖尧游成阳而死,遂葬焉。《水经注》：成阳西二里有尧陵，陵南一里，有尧母庆都陵，于城为西南，称曰灵都，乡曰崇仁，邑号修义，皆立庙。四周列水潭而不流，水泽通泉，泉不耗竭至丰，鱼、笋、栝、柏成林，二陵南北列，驰道径通，阶墀修整，盖宋时尚存。金末，黄河决溢，故迹遂堙。

《论衡·书虚篇》载"尧葬于冀州，或言葬于崇山"。著名学者刘盼遂先生《论衡集解》居然认为"崇山""冀州"是后人注释串入正文的，主张删除。黄晖《论衡校释卷四·书虚篇》：

夫舜、禹之德，不能过尧。尧葬于冀州，或言葬于崇山。(【原注】《史记·司马相如传》："历唐尧于崇山兮。"《正义》曰："崇山，狄山也。《海外经》：'狄山，帝尧葬其阳。'"《墨子·节葬篇》："尧葬蛩山之阴。"《吕氏春秋·安死篇》云："葬穀林。"注："尧葬成阳，此云穀林，成阳山下有穀林。"《史记·五帝记·集解》引《皇览》曰："尧冢在济阴城阳。"刘向曰："尧葬济阴，丘垄皆小。"《史记正义》引郭缘生《述征记》："城阳县东有尧冢，亦曰尧陵，有碑。"《括地志》云："尧陵在濮州雷泽县西三里。雷泽县本汉阳城县也。"《地理志》《郡国志》并云济阴郡成阳有尧冢。《水经注》《帝王世纪》并然此说。是说者多以成阳近是。《路史·后纪十》注以王充说妄甚。）冀州鸟兽不耕。（【原注】盼遂案："或言葬于崇山"六字，盖后人傍注，误入正文，因又于"鸟兽"上添"冀州"二字，此八字并宜刊去。）

但明末清初的顾炎武先生则认为舜、禹巡游，死于任上，故葬于野；尧帝禅位之后，不可能有巡游，故应葬于尧都平阳。〔清〕顾炎武原著、〔清〕黄汝成集释《日知录集释》卷二十二"尧冢灵台"条：

尧冢灵台《汉书·地理志》"济阴成阳有尧冢灵台。"《后汉书·章帝纪》"元和二年二月，东巡狩，使使者词唐尧于成阳灵台。"《安帝纪》"延光三年二月庚寅，使使者祠唐尧于成阳。"《皇览》云："尧冢在济阴成阳。"皇甫谧《帝王世纪》云："尧葬济阴成阳西北四十里，是为穀林。"《水经注》"城阳西二里有尧陵，陵南一里有尧母庆都陵，于城为西南，称曰灵台。（【原注】后汉尧母碑曰，庆都僊殁，盖葬于兹。欲人莫知，名曰灵台。）乡曰崇仁，邑号修义，皆立庙，四周列水潭而不流。水泽通泉，泉不耗竭，至丰鱼笋，不敢采捕。庙前并列数碑，括柏成林。二陵南北列，驰道径通，皆以砖砌之，尚修整。尧陵东城西五十徐步，中山夫人词，尧妃也，石壁阶墀仍旧，南西北三面长栎联荫，扶疏里馀。中山夫人洞南有仲山甫冢，冢西有石庙，羊虎破碎略尽。于城为西南，在灵台之东北。"《宋史》"神宗熙宁元年七月已卯，知催州韩锋言：尧陵在雷泽县东林山，陵南有尧母庆都灵台庙。请敕本州岛春秋致祭，置守陵五户，免其租，奉洒扫，从之。"(【原注】成阳在汉为济阴属县，北齐废，隋复置，为雷泽县。唐宋因之，金复废。今曹州东北六十里故雷泽城是也。)而《集古录》有汉尧祠及尧母词碑，是庙与碑宋时犹在也。然开宝之诏，帝尧之祠乃在郓州。(【原注】今在东平州东北三十里芦泉山之阳。)意者自石晋开运之初，黄河决于曹、濮，尧陵为水所浸，乃移之高地乎？而后代因之，不复考正矣。(【原注】元史泰定帝纪，泰定二年四月丁酉，濮州鄄城县言，城西尧冢上有佛寺，请徒之。不报。)

舜涉方乃死，见于《书》。禹会诸侯于涂山，见于《传》。惟尧不闻有巡狩之事。《墨子》曰："尧北教乎八狄，道死，葬蛩山之阴。舜西教乎七戎，道死，葬南已之市。禹东教乎九夷，道死，葬会稽之山。"此战国时人之说也。自此以后，《吕氏春秋》则曰"尧葬于穀林"，太史公则曰"尧作游成阳"，刘向则曰"尧葬济阴"，《竹书纪年》则曰"帝尧八十九年作游宫于陶，九十年帝游居于陶，一百年帝涉于陶"。《说文》"陶，再成丘也，在济阴有尧城，尧尝所居，故尧号陶唐氏。"而尧之家始定于成阳矣，但尧都、平阳相去甚远，毫期之年，禅位之后，岂复有巡游之事哉？囚尧慊朱之说，并出于《竹书》，而鄄城之迹亦复相近。(【原注】括地志曰，故尧城在濮州鄄城县东北十五里。竹书云，昔尧德衰，为舜所囚也。又有偃朱故城，在县西北十五里。竹书云，舜囚尧，复偃塞丹朱，使不与父相见也。按此皆战国人所造之说，或人告燕王，谓启攻益，而夺之天下。韩非子言汤使人说务光自投于河，大抵类此。)《诗》《书》所不载，千世之远，其安能信之？

《山海经·海外南经》"狄山，帝尧葬于阳。"注："《吕氏春秋》曰：尧葬穀林。今成阳县西。东阿县城次乡中、储阳县湘亭南皆有尧冢。"

《临汾县志》曰："尧陵在城东七十里，俗谓之神林。高一百五十尺，广二百徐步，旁皆山石，惟此地为平土，深丈徐，其庙正殿三间，庞十间，山后有河一道，有金泰和二年碑记。窃考舜涉方乃死，其后在九疑。禹会诸侯于江南，计功而崩，其陵在会稽。惟尧之巡狩不见经传，而此其国都之地，则此陵为尧陵无疑也。"按志所论，似为近理；但自汉以来，皆云尧葬济阴成阳，未敢以往人之言为信。

（二）尧葬崇山说

尧葬崇山说，也有很多早期文献记载。《墨子·节葬下》说："昔者，尧北教乎八狄，道死，葬蛩山之阴"；孙诒让《墨子闲诂》注引：

> 毕云："《北堂书钞》引作'北狄'。"案：毕据《书钞》九十二引校，然《书钞》二十五又引，仍作"八狄"。《尔雅释地》有八狄。《诗小雅》蓼萧，孔疏引李巡本《尔雅》云"五狄，在北方。"《周礼职方氏》又云"六狄"，《礼记王制》，孔疏引李巡云"五狄：一曰月支，二曰秽貊，三曰匈奴，四曰单于，五曰白屋。"道死，葬蛩山之阴，毕云："'蛩'，《初学记》引作'巩'，一本亦作'巩'，《北堂书钞》《后汉书注》《太平御览》，俱引作'邛'。"

推测此处的"巩山"可能与"八狄"有关。《山海经·海外南经》说："狄山，帝尧葬于阳，帝喾葬于阴"；《帝王世纪》引《山海经》作"尧葬狄山之阳,一名崇山";《大荒南经》"帝尧、帝喾、帝舜葬于岳山。"王充《论衡》:"尧帝葬于冀州,或言葬于崇山。"《史记·司马相如传》载司马相如《大人赋》:"历唐尧于崇山兮,过虞舜于九疑。"《正义》曰:"崇山,狄山也。"《苏轼诗全集》卷二十二《宿建封寺晓登尽善亭望韶石三首》"蜀人文赋楚人辞,尧在崇山舜九疑。"

四、鲧、祝融、欢兜与崇山

崇山与尧舜时代的历史传说密切相关。

(一)关于崇伯鲧的记载

《国语·周语下》记载:

> 昔共工……欲壅防百川,堕高堙庳,以害天下……共工用灭。其在有虞,有崇伯鲧,播其淫心,称遂共工之过,尧用殛之于羽山。

《史记·夏本纪·索隐》:

皇甫谧云："鲧，帝颛顼之子，字熙。"又《连山易》云"鲧封于崇"，故《国语》谓之"崇伯鲧"。《系本》亦以鲧为颛顼子。《汉书·律历志》则云"颛顼五代而生鲧"。按：鲧既仕尧，与舜代系殊悬，舜即颛顼六代孙，则鲧非是颛顼之子。盖班氏之言近得其实。

《今本竹书纪年》：

（尧帝）六十一年，命崇伯鲧治河。六十九年，黜崇伯鲧。

《帝王世纪》云：

伯禹夏后氏，姒姓也。其先出颛顼，颛顼生鲧，尧封为崇伯。

此外《逸周书·世俘解》有"崇禹"的记载：

甲寅谒戎殷于牧野，禽人奏《武》，王入进

147

> 《万》，献《明明》三终。乙卯，龠人奏《崇禹》,《生
> 开》，三终。

《周礼正义》卷四十六引此注云："《崇禹》，《生
开》盖《大夏》之舞曲，以龠奏之者也。"

（二）关于祝融降于崇山的记载

此与夏朝的兴起有关。《国语·周语上》载内史
过云：

> 昔夏之兴也，融降于崇山。

韦昭注："融，祝融也；崇山，崇高山也，夏居阳
城，崇高所近。"

《竹书纪年》《宋书·符瑞志》皆记：

> 夏道将兴，草木畅茂，青龙止于郊，祝融之神，
> 降于崇山。乃受舜禅，即天子之位。

《山海经·海内经》：

洪水滔天，鲧窃帝之息壤以堙洪水，不待帝命。帝令祝融杀鲧于羽郊。鲧复生禹，帝乃命禹卒布土以定九州岛。

（三）关于放欢兜于崇山的记载
《尚书·舜典》：

流共工于幽州，放欢兜于崇山，窜三苗于三危，殛鲧于羽山，四罪而天下咸服。

《史记·五帝本纪》：

于是舜归而言于帝，请流共工于幽陵，以变北狄；放欢兜于崇山，以变南蛮；迁三苗于三危，以变西戎；殛鲧于羽山，以变东夷。

《孟子·万章上》：

万章曰：舜流共工于幽州，放欢兜于崇山，杀三苗于三危，殛鲧于羽山，四罪而天下咸服，诛不仁也。

《庄子·在宥》：

> 尧于是放欢兜于崇山，投三苗于三桅，流共
> 工于幽都。

《淮南子·修务训》：

> 放欢兜于崇山，窜三苗于三危，流共工于幽
> 州，殛鲧于羽山。

欢兜的流放地"崇山"与崇伯鲧的封地"崇"是否在一地，尚不得而知。我们认为崇伯鲧的封地"崇"可能与尧帝葬地"崇山"有关。

五、唐城

唐本是地名。《左传·哀公四年》引《夏书》曰："唯彼陶唐，师彼天常，有此冀方。"尧帝号陶唐氏，大约

自战国始"陶""唐"就被认为是两个地名。《竹书纪年》："尧封于唐，游居于陶。"《史记·五帝本纪》曰："帝喾氏没，帝尧氏作，始封于唐。"司马光《稽古录》载帝尧"初封于陶，后改为唐，故曰陶唐氏"。

关于"陶"地，《禹贡》有陶丘，汉济阴郡有定陶县，故曹国所都，因尧帝曾"游居于陶"，而产生济阴成阳有"尧冢、灵台"的说法。至于"唐"的地望，旧有六说：一说在晋阳，二说在平阳，以此二说影响最大。班固《汉书·地理志》本身就有自相矛盾的说法：

> 河东土地平易，有盐铁之饶，本唐尧所居，《诗·风》唐、魏之国也。

而在同书太原郡"晋阳县"条下，班固自注云：

> 故《诗》唐国，周成王灭唐，封弟叔虞。龙山在西北。有盐官。晋水所出，东入汾。

平阳属河东郡，晋阳属太原郡，不知班固所说的"唐尧所居""成王灭唐"的唐国究竟是在太原还是在河东。郑玄《毛诗谱·唐谱》："唐者，帝尧旧都之地，今日太原晋阳是。尧始居此，后乃迁河东平阳。"〔晋〕皇甫谧《帝王世纪》云：

> 尧始封于唐，今中山唐县是也，尧山是也……尧之都后徙晋阳，今太原县是也，于《周礼》在并州之城；及为天子，都平阳。

唐张守节《史记正义》征引晋阳说和平阳说同时并存:《秦本纪正义》"唐，今晋州平阳，尧都也";《五帝本纪正义》引"徐广所云：'（尧）号陶唐';《帝王世纪》云：'尧都平阳，于诗为唐国'；徐才《宗国都城记》云：'唐国，帝尧之子裔所封。其北，帝夏禹都，汉曰太原郡，在古冀州太行恒山之西。其南有晋水。'"

顾祖禹《读史方舆纪要》："唐，太原故城北一里。《都城记》：尧所筑，叔虞始封此，子燮父徙居于晋水旁，并理故唐城是也。"此主张唐城在太原晋水之阳说。

三说在永安。即在太原与河东两者之间。《汉书·地理志》颜师古注引："臣瓒曰：'所谓唐，今河东永安县是也。去晋四百里。'师古曰：'瓒说是也。'"汉魏河东郡的永安县地在今属山西霍州市，距晋阳（太原）有 400 里之遥，位于临汾盆地北端通往太原的必经之路上。

四说在鄂。《史记·晋世家》："封叔虞于唐，唐在河汾之东，方百里，故曰唐叔虞。"《集解》："《世本》曰居鄂，宋曰鄂地今在大夏。《括地志》：故鄂城在慈州昌宁县东二里，与绛州夏县相近。"

五说在翼。《史记》卷三九《晋世家》正义引《括地志》载："故唐城在绛州翼城县西二十里。徐才宗《国都城记》云，唐国，帝尧之裔子所封……至周成王时，唐人作乱，成王灭之，而封大叔。"顾炎武《日知录》卷三十一"唐"条言："按晋之始见《春秋》，其都在翼……北距晋阳七百余里，即后世迁都亦远不相及；况霍山以北，自悼公以后始开县邑，而前此不见于《传》。"《水经注》"汾水篇"指出平阳县故城是"尧舜并都"之处，同时又提到汾水的支流"天井水，出东陉山西……西径尧城南，又西流入汾"。杨守敬《水经注图》将天井水定为今滏河，将其发源地名为东陉山^[1]。东陉山即滏河发源地塔儿山、打鼓山地区。《括地志》载翼城县"故唐城"，当为今翼城县西滏河南岸的唐城村，即《水经注》所载"尧城"。新中国成立后，在翼城县境内发现多处西周文化遗址，可资佐证。

六说在夏县安邑。今人童书业《春秋左传研究》"春秋晋绛都"："顾氏辩晋始封不在晋阳，其说甚是，惟谓晋之始封在翼城则非。《秦策四》：'魏代邯郸因退为逢泽之遇，乘夏车，称夏王。''乘夏车，称夏王'盖以其因都安邑故夏墟也。魏故都古安邑，在今夏县附近，盖即唐叔虞所封之夏墟矣。"陈梦家《殷虚卜辞综述》也认为"唐在安邑一带"。安邑在山西夏县西北7.5公里处的"禹王城"，考古发现这里是一处秦汉故城遗址，相传为夏禹所都的安邑，实即秦汉河东郡治安邑所在地。

以上诸说均将"唐尧所居"的唐与晋始祖唐叔虞所封之唐，等同一地。关于"唐"地与晋都的关系，《史记·晋世家》载：

---

[1] 杨守敬:《水经注图》(南四西三),《杨守敬集》(第五册), 湖北教育出版社, 1997年, 第154页。

晋唐叔虞者，周武王子而成王弟。……武王崩，成王立，唐有乱，周公诛灭唐。成王与叔虞戏，削桐叶为珪以与叔虞，曰："以此封若。"史佚因请择日立叔虞。成王曰："吾与之戏耳。"史佚曰："天子无戏言。言则史书之，礼成之，乐歌之。"于是遂封叔虞于唐。唐在河、汾之东，方百里，故曰唐叔虞。

《索隐》按：

唐有晋水，至子燮改其国号曰晋侯。然晋初封于唐，故称晋唐叔虞也。

《正义》引《括地志》云：

故唐城在并州晋阳县北二里。城记云尧筑也。徐才《宗国都城记》云"唐叔虞之子燮父徙居晋水傍。今并理故唐城。唐者，即燮父所徙之处，其城南半入州城，中削为坊，城墙北半见在"。《毛诗谱》云"叔虞子燮父以尧墟南有晋水，改曰晋侯"。

《今本竹书纪年》：

康王九年，唐迁于晋。

据此可知，唐叔虞所封之唐与晋侯燮父所迁的晋都可能不在一地。

北京大学邹衡教授根据《晋世家》"唐在河汾之东方百里"的记载，判断晋始封地不出霍山以南、绛山以北，汾水以东、浍以西"方百里"之范围。20世纪70年代末至80年代初，邹衡先生带领北京大学考古系学生，曾多次在晋南地区，尤其是翼城、曲沃、襄汾、洪洞等县作过考古调查与试掘，发现了大批包括西周早期在内的周代的遗址，初步确立了晋始封地范围。其中在崇山西侧、离陶寺遗址直线距离不过20公里的天马—曲村遗址是最大的周代遗址。

在邹衡先生的带领下，1980—1990年，北京大学考古系商周组与山西省考古研究所合作共同在曲沃县天马—曲村遗址进行了七次大规模的发掘，积累了大量的考古材料。除遗址外，发掘西周墓葬数百座，其中铜器墓数十座，出土铜礼器百多件，有铭文者数十件，邹衡先生据以断定天马—曲村遗址确凿无疑地是晋都遗址。该遗址总面积约 3800×2800 米（约 11 平方公里），其面积达郑州商代遗址和殷墟遗址之半，而与西安丰镐遗址近似（等于沣东、沣西二遗址之和），稍大于陕西周原遗址，超过北京琉璃河燕国遗址两倍以上，是目前我国发现最大、保存最完整的周代遗址。遗址延续的时间也很长，相继堆积的文化层有仰韶文化、龙山文化（陶寺类型）、二里头文化（东下冯类型）、晋文化直至东汉，而其精华部分就在两周时期。近 20 年来，经过考古学家连续 10 多次的发掘，共揭露面积 12,000 平方米，发掘墓葬 1000 余座。专家估计，该遗址区内古墓葬不少于 20,000 座。后来，在此终于发现了晋侯墓，证实了此地的确就是西周晋都所在 [1]。

晋侯墓地的发掘工作开始于 1992 年，由李伯谦教授领队，从 1992 年至 2000 年，先后作过 6 次发掘工作。共发掘出 9 组 19 座晋侯及夫人大型墓葬。整

[1] 林小安:《踏破铁鞋有觅处——记考古学家邹衡先生》,《文物天地》1997 年第 4 期。

个墓地东西长 170 米，南北宽 130 米，9 组 19 座晋侯
和夫人墓葬在墓地分三排排列。除第 8 组为晋穆侯及
两位夫人以外，余皆为一位晋侯一位夫人异穴合葬墓。
每组墓葬之东有车马坑，其中 8 号墓葬陪祀车马坑东
西长 21 米，南北宽 15 米，有殉马百余匹，为全国至
今所发现的西周时期最大的车马坑。19 座墓葬有 11
座保存完好，8 座被盗。晋侯墓地出土文物十分丰富，
总数达万件以上。出土的青铜器种类齐全，从其数量
和组合看，一改商代重酒之风，呈现重食、重乐的特点。
八号墓葬出土的晋侯苏钟，刻铭文 355 字，完整记载
了一段周厉王时期由晋侯苏参与的一次军事事件，弥
足珍贵。出土的数目众多的玉器同样瑰丽多彩。

2006 年 9 月从曲沃传来消息，在距晋侯墓地仅 3 公
里的滏河南岸羊舌村，又发现几组中字型大墓，且有大
型车马坑陪葬，时代约在两周之际或稍晚，墓主人可能
是晋国历史上以挟辅周平王东迁而著名的晋文侯[1]。

迄今为止的考古发现表明，天马—曲村及其附近

---

[1] 山西省考古研究所：《山西曲沃羊舌村发掘又一处晋侯墓地》，《中
国文物报》2006 年 9 月 29 日第 2 版。吉琨璋：《曲沃羊舌晋侯墓地
1 号墓墓主初论——兼论北赵晋侯墓地 93 号墓主》，《中国文物报》
2006 年 9 月 29 日第 7 版。

一带地区是早期晋都[1]。在晋侯苏夫人墓（8号墓）中出土一件刻有一行铭文的玉环，共12字，李学勤先生释为："文王卜曰：我及唐人弘战贾人。"李学勤先生推测，此玉环上的文字可能为唐人所刻。文王与唐人结盟战贾人，以玉环献神，此环留在唐地，"至周公灭唐，成王以其地封晋，这件玉环便归晋公室所有，直至献侯夫人卒时用之殉葬"。贾国的地望，杨伯俊《春秋左传注》考证在山西襄汾东。李学勤指出："从周、唐联合大战贾人，可以推定文王时唐国的地理位置。""周文王会合在这里的唐人，与在其北面不远的贾人作战，地理方位十分自然。……这件玉环乃是晋国初封位置的重要证据。"[2]

然而整个墓区包括了自晋侯燮父至晋文侯共九代晋侯和夫人墓，惟独没有发现唐叔虞墓葬，给人留下疑团。这说明唐叔虞始封之"唐"与其子燮父"徙居晋水傍"的早期晋都，虽然同在"河汾之东、方百里"之

---

[1] 邹衡：《论早期晋都》，《文物》1994年第1期。李伯谦：《晋国始封地考略》，《中国文物报》1993年12月12日第3版。李伯谦：《天马—曲村遗址发掘与晋国始封地的推定》，《中国青铜文化结构体系研究》，科学出版社，1998年。

[2] 李学勤：《文王玉环考》，《华学》第一辑，中山大学出版社，1999年。

内，但可能不在同一地点。

田建文先生认为陶寺遗址所属的"襄陵"及其东面的"浮山"等地名，与《尚书·尧典》"汤汤洪水方割，荡荡怀山襄陵"中的"怀山""襄陵"有关，"襄陵"决不是传说中的"晋襄公之陵"，因为春秋时期晋国的中心地区并不在今襄陵一带，该地所谓的晋襄公墓，实际上是汉墓，因此"襄陵"地名与尧帝时代的洪水有关。田建文主张"早期唐国就要从陶寺遗址着手解决"[1]。

我认为，"唐城"与早期晋都可能不在同一地点，尧帝所都之"唐城"有可能在陶寺城址，唐叔虞所封之"唐"应在唐尧故居的"方百里"之内，晋侯燮父迁至天马—曲村一带的晋都。

六、夏墟

晋南自古有"夏墟"之称。《左传》定公四年：

> 昔武王克商，成王定之，选建明德以蕃屏

---

[1] 田建文：《天上掉下晋文化（下）》，《文物世界》2004 年第 3 期。

周……分唐叔以大路……命以唐诰而封于夏虚，启以夏政，疆以戎索。

《左传·昭元年》："迁实沈于大夏。"《史记·郑世家》集解引服虔说：

大夏在汾、浍之间。

这同《晋世家》称"唐在河汾之东方百里"的地理方位完全符合。《太平舆地志》"唐始封冀州之域，乃大夏之墟也"。

在豫西地区，由于有"禹都阳城"之说，也被认为与"夏墟"有关。阳城，今河南登封县。《国语·周语上》："昔夏之兴也，融降于崇山。"韦昭注曰：

崇，崇高山也，夏居阳城，崇高所近。

段玉裁认为，崇、嵩古通用，夏都阳城，嵩山即是崇山。《国语·周语上》又曰：

昔伊洛竭而夏亡。

韦昭曰："禹都阳城，伊、洛所近也。"《逸周书·度邑解》：

自洛汭延于伊汭，居易无固，其有夏之居。

《史记·孙子吴起列传》：

夏桀之居，左河济，右太华，伊阙在其南，羊肠在其北。

《世本·居篇》曰：

夏禹都阳城，避商均也。

《史记·夏本纪》亦云：

（桀）乃召汤而囚之夏台。

夏台，又名钧台，在今阳翟。"有夏之居"在河南洛阳一带，伊、洛二水之间。《汉书·地理志》说：

> 颍川郡阳翟，夏禹国。

臣瓒引《世本》云："禹都阳城。"阳翟，今河南禹县。"禹都"阳城当在河南嵩山一带以及伊洛流域。

　　由于殷墟甲骨文的发现，商朝的历史得到确认，然而在"疑古"思潮盛行一时的情况下，夏朝的历史受到质疑。著名古史学家徐旭生先生为寻找与殷墟对等的"夏墟"开展实地考察。1959年，徐旭生调查"夏墟"，确认豫西和晋南为夏人活动区[1]。此后，考古学上在豫西地区找到了属于夏文化的"二里头遗址""登封告成镇遗址""禹州瓦店遗址"，在晋南则有"东下冯遗址"和"陶寺遗址"。自20世纪70年代至80年代初，北京大学邹衡教授带领考古系学生多次在山西进行考古勘察，在山西西南部的"临汾、翼城、襄汾、绛县、新绛、曲沃、侯马等地，都发现了夏文化遗址，……看来，

---

[1]　徐旭生：《1959年夏豫西调查"夏墟"的初步报告》，《考古》1959年第11期。

这里属于夏墟的范围，是不会有什么问题了"。[1]

晋南地区的"夏文化"一般指"二里头文化"的"东下冯类型"，其绝对年代经放射性碳十四断代，为公元前 1900 至前 1500 年左右，距今 3500—3900 年，其年代较传说中夏朝开始的年代（距今 4000 多年）略晚，因此分布于晋南的龙山文化"陶寺类型"（即陶寺文化，约公元前 2500 年至前 1900 年）被认为与夏朝有关，或者至少其晚期已跨入夏朝纪年范围之内。学者纷纷把"陶寺类型"与传说中的尧舜禹时代联系起来 [2]，陶寺遗址为"尧都"或者"夏墟"的说法为越来越

[1] 邹衡：《夏商周考古论文集》，文物出版社，1984 年，第 236 页。

[2] 徐殿魁：《龙山文化陶寺类型初探》，《中原文物》1982 年第 2 期。高炜、高天麟、张岱海：《关于陶寺墓地的几个问题》，《考古》1983 年第 6 期。高炜等：《陶寺遗址的发掘与夏文化的探索》，《中国考古学会第四次年会论文集》，文物出版社，1985 年。李民：《尧舜时代与陶寺遗址》，《史前研究》1985 年第 4 期。张长寿：《陶寺遗址的发现和夏文化的探索》，《文物与考古论集》（文物出版社成立三十周年纪念），文物出版社，1986 年。苏秉琦：《华人·龙的传人·中国人——考古寻根记》，《中国建设》1987 年第 9 期。王文清：《陶寺遗存可能是陶唐氏文化遗存》，《华夏文明》（第一辑），北京大学出版社，1987 年。田昌五：《先夏文化探索》，《文物与考古论集》，文物出版社，1987 年。苏秉琦：《中国文明起源新探》，三联书店，1999 年。王克林：《陶寺文化与唐尧·虞舜——论华夏文明的起源（下）》，《文物世界》2001 年第 2 期。黄石林：《陶寺遗址乃尧至禹都论》，《文物世界》2001 年第 6 期。

多的学者所接受。

豫西地区关于"禹都阳城"的考古发现，也取得可喜成绩。1976年起，在河南登封告成镇开展了大规模的田野考古发掘工作，在该镇东北面发现了一座春秋至汉代的古城遗址。其中出土的陶豆等器物上有"阳城""阳城仓器"字样的陶文，证明了该城址就是春秋至汉代的阳城。地下出土实物与文献材料对照，表明"禹都阳城"可能就在附近。后来考古工作者又在告成镇西北王城岗上发现一座河南龙山文化中晚期的城址，西墙长97.6米，南墙长94.8米。该城据碳十四测定年代为距今4000±65年，时代相当于夏代初期。不过城址太小，难以与"禹都"相匹配。2004年"中华文明探源工程预研究——登封王城岗城址及周围地区遗址聚落形态研究"专题组在王城岗遗址展开新的考古工作，新发现一座面积约在30万平方米的大型城址，这是迄今河南境内发现的最大面积的龙山文化城址，同时发现祭祀坑、玉石琮和白陶器等重要遗存。领队发掘的北京大学考古文博学院教授刘绪说："禹都阳城有几种学说，登封王城岗是理由最充分的一个，它与文献上记载的禹都阳城的时代、位置比较吻合，有争议的是原来发现的城址太小，与禹都不相称。此次大城的发现，使它的时间、地点、规模都够资格称为禹都，禹都在王城岗的可能性越来越大。"[1]

豫西和晋南两地的文献记载和考古发现都表明与"夏墟"有关，于是把两者都纳入"夏墟"范围，作时代先后的解释，便成为一种折中的选择。一种意见以徐旭生、安金槐、郑杰祥等为代表，认为夏人起源于河南嵩山以南的登封告成镇一带，后发展到嵩山以北伊洛平原的二里头，再北渡黄河到晋南[2]。另一种意见以丁山、李民、刘起釪等为代表，认为夏人起源于晋南，然后向南渡过黄河进到豫西地区[3]。还有一派意见认为

[1] 桂娟：《河南登封考古有新发现——大城可能是"禹都阳城"》，《人民日报》(海外版) 2005 年 1 月 27 日第二版。

[2] 徐旭生：《1959 年夏豫西调查"夏墟"的初步报告》，《考古》1959 年第 11 期。安金槐：《豫西夏代文化初探》，《河南文博通讯》1978 年第 2 期。郑杰祥：《试论夏代历史地理》，《夏史论丛》，齐鲁书社，1985 年。郑杰祥：《夏史初探》，中州古籍出版社，1988 年。

[3] 丁山：《由三代都邑论其民族文化》，《中央研究院历史语言研究所集刊》(五) 1935 年。李民：《〈禹贡〉"冀州"与夏文化探索》，《社会科学战线》1983 年第 3 期。《〈禹贡〉"豫州"与夏文化探索——兼议夏代的中心区域》，《中州学刊》1985 年第 1 期。刘起釪：《由夏族原居地纵论夏文化始于晋南》，《华夏文明》(第一辑)，北京大学出版社，1983 年。

夏人起于山东、豫东，然后西进到豫西、晋南地区。[1]

崇山脚下陶寺城址的发现及其与崇伯鲧、崇禹之间可能的联系，为"夏墟"晋南说提供了有力支撑。但我认为这与陶寺城址为"尧都平阳"说并不矛盾，因为考古发现陶寺古城曾经被平毁，"夏墟"有可能分布在平毁的尧都之上或附近地区。

七、陶寺

以往被人们忽视的两个小地名"陶寺""南河"，也可能与尧舜有关。

"陶"作为地名，最早见于《尚书·禹贡》。据郦道元《水经·济水注》所记，《禹贡》中的"陶"即陶丘。《汉书·地理志上》：

> 济阴郡，故梁。景帝中六年别为济阴国。宣帝甘露二年更名定陶。《禹贡》荷泽在定陶东。属兖州……县九：定陶，故曹国，周武王弟叔振铎

---

[1] 杨向奎：《评傅孟真的〈夷夏东西说〉》，《夏史论丛》，齐鲁书社，1985年。沈长云：《禹都阳城即濮阳说》，《中国史研究》1997年02期。

所封。《禹贡》陶丘在西南。陶丘亭。

陶丘位于今山东省西部菏泽地区的定陶县境内。

《左传·哀公十六年》引《夏书》曰：

唯彼陶唐，帅彼天常，有此冀方。

此句见于今本《尚书·五子之歌》，郑玄曰："两河间曰冀州。"蔡沈《书集传》云：

尧初为唐侯，后为天子，都陶，故曰陶唐。

司马光《稽古录》记载与蔡传正好相反，认为帝尧：

初封于陶，后改为唐，故曰陶唐氏。

此"陶"既在"冀方"，当即今晋南地区。

"陶寺"地名源于本地祭祀"陶神"的寺庙。"陶神"是陶瓷业的祖师爷，历史上的"陶神"主要有两位，一位是宁封子，相传为黄帝时陶正，其传说始见于《列仙传》，后为《搜神记》《拾遗记》《广黄帝本行记》《仙苑编珠》《历世真仙体道通鉴》等书所载。另一位"陶神"就是虞舜。《史记·五帝本纪》：

> 舜耕历山，历山之人皆让畔；渔雷泽，雷泽上人皆让居；陶河滨，河滨器皆不苦窳。

《韩非子·难一》云：

> 历山之农耕侵畔，舜往耕焉，期年，圳亩正；河滨之渔者争坻，舜往渔焉，期年而让长；东夷之陶者器苦窳，舜往陶焉，期年而器牢。

虞舜的后裔亦有为"陶正"者。《左襄二十五年传》云："昔虞阏父为周陶正。"《姓纂》："陶唐氏之后因氏焉。虞阏为周陶正，亦为陶。"

舜"陶河滨"一般认为在黄河之滨。《水经·河水注》云：

> 陶城在蒲坂城北，城即舜所都也。

《帝王世纪》谓:

> 舜所都也，或言蒲坂。

《元和郡县图志》卷十二载:

> 故陶城，在（河东）县北四十里。《尚书大传》
> 曰:"舜陶河滨。"

《史记·五帝本纪》:"于是尧妻之二女，观其德于二女。舜饬下二女于妫汭，如妇礼。"《集解》孔安国曰:"舜所居妫水之汭。"《索隐》引皇甫谧云:"妫水在河东虞乡县历山西。汭，水涯也，犹洛汭、渭汭然也。"《正义》引:

> 《括地志》云:"妫汭水源出蒲州河东南山。"
> 许慎云:"水涯曰汭。"案:《地记》云"河东郡青山
> 东山中有二泉，下南流者妫水，北流者汭水。二
> 水异源，合流出谷，西注河。妫水北曰汭也"。

又云"河东县二里故蒲阪城，舜所都也。城中有舜庙，城外有舜宅及二妃坛"。

顾炎武《历代宅京记》云：

舜都蒲坂，今山西平阳府蒲州。

陶城在今永济市区西北的张营乡，今名陶城村。陶城村有二，即南陶城村与北陶城村。所谓"陶城"，系指南陶城村而言。村东南约5公里有舜帝村，村中有一高五六米的石碑，上书"大孝有虞舜帝故里"。村东头有"舜帝庙"，只有正殿一座，内置舜帝像，系清代建筑。陶城距蒲坂约20公里，属蒲坂畿内之地，与舜陶河滨有关[1]。

但如果把舜"陶河滨"理解为"南河之滨"，那就只能是现今考古发现的陶寺城址了。

[1]　马世之：《虞舜的王都与帝都》，《中原文物》2006年第1期。

八、南河

沿陶寺城址的北城墙，有一条古河道，发源于崇山（塔儿山）山麓，呈东北—西南流向，穿过陶寺镇，在李庄与宋村沟汇合，东流入汾水。此河今名"南河"，现已干涸。由于"南河"像护城河一样紧贴着北城墙，而与城墙走向完全一致，因此它不可能是晚近形成的河流，至少有4000多年的历史，与陶寺城址一样古老。

巧合的是，在司马迁的《史记·五帝本纪》中，尧舜居地也有一条"南河"。《史记·五帝本纪》：

> 尧崩，三年之丧毕，舜让辟丹朱于南河之南。诸侯朝觐者不之丹朱而之舜，狱讼者不之丹朱而之舜，讴歌者不讴歌丹朱而讴歌舜。舜曰："天也夫！"而后之中国，践天子位焉，是为帝舜。

关于"南河"有两种解释，一是《集解》引刘熙曰：

南河，九河之最在南者。

另一是《正义》云：

河在尧都之南，故曰南河，禹贡"至于南河"是也。

我认为"南河"与"尧都"相关的说法很有道理，但认为"南河"一定在"尧都之南"则未必。这可能是《正义》作者望文生义的结果：舜避居于"南河之南"，"尧都"可能在"南河之北"，因此《正义》作者认为"南河"必在"尧都"之南。

我们从《五帝本纪》的字里行间看不出"尧都"究竟是在河南，还是在河北；但舜的避让应是从"宫城"中出走，避居到城外，则在情理之中。考古发现的实际情况是，陶寺城址位于"南河"的南岸，也就是说"南河"位于"尧都"之北，与《正义》所说恰好相反。但"南河"在外城墙之外，到"宫城"之间还有相当宽的地段，如果舜从"宫城"中出走到南河边的台地上，在此居留，完全能达到"让避"丹朱的效果，而这个地点正好就是"南河之南"。

（节选自《山西陶寺古观象台遗迹研究》，是作者的首站博士后出站报告的一部分）

上古的授时方法

【内容提要】根据日出日入方位来测时节，是先民最早掌握的简单易行的观象授时方法。由于文献记载的缺失，人们对日出日入方位授时已不甚了解，考古发现提供了许多新材料。此外还有斗柄、中星和晨见昏伏等星象授时。西周以后通行晷影法，《夏历》把晷影和漏刻联系起来，使节气测定更加准确，为后世历法所遵循。

【关键词】历法　节气　日出方位　观象授时

中国有着五千年的文明史，农业的起源则可以追溯到一万年以前。1993年考古工作者在湖南省道县玉蟾岩遗址发现了世界上最早的栽培稻遗存，距今一万年以前[1]。中国是世界上农业最早起源和发达的地区之一，因之也是世界上天文历法最早发达的地区之一。恩格斯在《自然辩证法》中指出："必须研究自然科学各个部门的顺序的发展。首先是天文学——游牧民族和农业民族为了定季节，就已经绝对需要它。"毫无疑问，上古天文历法的发达，是中国最古老文明的重要成就之一。以往人们研究中国古代文明的起源，往往注重贫富分化、阶级对立、社会组织和结构的复杂化、国家的起源和形成等等，其实早期科学技术的进步与发达更应是文明的重要标志。作为最古老的农业文明国家，中国早期的天文历法有着重要意义，理应受到研究者的重视。

中国古代历法从一开始就是阴阳历，即调和阴历月和阳历年的历法。寻找朔望月（阴历月）和回归年（阳历年）长度的最小公倍数，使得若干个阳历年内恰好包含相应个完整的阴历月，使"年"和"月"回到共同的起始点。阴历月以月亮的圆缺为周期，非常方便

---

[1] 袁家荣:《玉蟾岩获水稻起源重要新物证》,《中国文物报》1996 年 3 月 3 日；张文绪、袁家荣:《湖南道县玉蟾岩古栽培稻的初步研究》,《作物学报》1998 年第 24 卷第 4 期，第 416—420 页。

人们的日常生活和统治阶级的祭祀活动等，但却不能对农业生产发挥作用，因为它不能相对稳定地与季节和节气相对应，不能与太阳年相整合。中国古代找到一个解决办法，就是设置"闰月"来调合阳历年与阴历月，总能在有限的年份内找到完整的月份数，使"年"和"月"统一到共同的起点。《尚书·尧典》"期三百有六旬有六日，以闰月定四时成岁"，甲骨文中有"十三月"等作为闰月的记载[1]，就是阴阳历的显著特征。这种"阴阳历"我们今天称为"农历"或"夏历"，它既包括阴历因素，也包括阳历因素。所谓"节气"就是典型的阳历因素，它是历法用以服务于农业生产的主要方式，因此也是农史研究的重要课题。

从新石器时代的观象授时，到先秦的"古六历"，是历法史的上古时期。考古发现表明"古六历"中的《颛顼历》一直沿用到汉武帝颁订《太初历》以前[2]，文献记载也表明西汉早期在历法上并无重要建树，因此《太初历》以前的天文历法进展，反映的都是上古时期天文历法所取得的成就。例如《淮南子·天文训》最

[1]　陈梦家：《殷墟卜辞综述》，科学出版社，1956年，第223页。

[2]　陈久金、陈美东：《临沂出土汉初古历初探》，《文物》1974年第3期。

早记载我国完整的二十四节气的名称，反映的就是战国时期《颛顼历》的成就[1]。关于季节或节气的测定方法，过去所知主要靠晷影法和昼夜漏刻法，以及把斗柄指向、昏旦中星、晨见昏伏星等星象与节气联系起来的授时方法，然而远古时期，先民们主要通过日出方位来观象授时，关于这一方法，人们知之甚少，本文试详论之。

一、日出方位授时

《周易·系辞下》载伏羲氏"仰观象于天"，《尚书·尧典》载羲和氏"历象日月星辰，敬授民时"，意指根据实际天象来确定季节，制定历法，颁授民时，这就是"观象授时"。据研究，殷商时期我国先民已经能够测定分至[2]，《左传》已有"分至启闭"八节的概念，《管子·幼官篇》则记载了一年三十个节气，与汉以后

---

[1] 中国天文学史整理研究小组编：《中国天文学史》，科学出版社，1981年，第94页。

[2] 中国天文学史整理研究小组编：《中国天文学史》，科学出版社，1981年，第11页。

通行的二十四节气不同。这些节气中以二分二至的测定最为关键，二十四节气中的其他节气可由分至点平均分划而得到。

虽然"授时"与观天象有关，但并不是所有的日月星辰天象都能直接用来测定季节或节气，一般都是在已知节气日的前提下，把节气日与当天某一时刻发生的天象固定地联系起来，等到一年之后同一时刻的相同天象再次发生时，就可以间接地通过天象来判定相应节气是否到来。根据天象来确定节气以及根据节气来联系天象的做法，都被称为"观象授时"。

经验告诉我们，在同一地点观察，一年之内，太阳的出入地（山）方位，在一定的南北范围内移动一个来回。如果细心观察会发现，在白天最短的那一天，日出方位到达最南点，就是冬至；尔后日出入方位转向北方移动，在白天最长的那一天，到达最北点，就是夏至；而后又转向南方移动，回归最南点。当日出入方位再次到达最南点时就是第二个冬至，两冬至之间是一个回归年。冬夏二至是两个最重要的节气点，如果地势平坦，那么春秋分的日出入方位正好位于冬夏二至的正中间，其他时节亦可根据不同的日出入方位依次划出。这就是"日出入方位授时"的基本原理。如此简单的授时原理和方法，十分便于早期先民理解和掌握。有很多考古发现的实物、遗迹以及出土文献可以证明，上古先民最早掌握日出入方位授时原理来测定二分二至等节气。

（一）安徽含山凌家滩玉版

安徽省含山县凌家滩新石器时代遗址，发掘出大汶口文化晚期墓地，出土了一件绘有奇特图案的方形玉版（图1）[1]，它可能与八卦方向以及日出入方位授时有关。玉版中部的大圆被放射状直线及圭叶纹相间划分成十六等份，玉版四隅的四个圭叶纹位于十六等分夹角的中分线上，指向二至的日出入方向，由此日出入方位构成的地平昼夜弧之比值，与秦简"日夕分"冬夏二至的地平昼夜弧之比完全吻合[2]，即冬至昼夜弧为5/11，夏至昼夜弧为11/5。这与秦汉

---

[1] 安徽省文物考古研究所:《安徽含山凌家滩新石器时代墓地发掘简报》,《文物》1989年第4期,第6页; 安徽省文物考古研究所编:《凌家滩玉器》, 文物出版社, 2001年, 第125页。

[2] 武家璧:《含山玉版上的天文准线》,《东南文化》2006年第2期。

日晷的冬（夏）至日出入方位也是符合的（详下）。

凌家滩玉版的发现，说明我国先民早在距今5000多年前，就已掌握根据日出方位确定

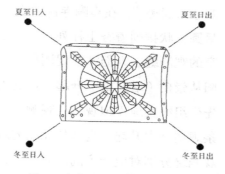

图1　凌家滩玉版的日出入方位

时节这种简便的观象授时方法。日出入方位的变化，在春秋分前后变化速度最快、冬夏至前后变化速度最慢，慢到肉眼难以辨别其微小位移，《左传》中的"日南至"出现两到三天的误差，殆即与此有关。但这是最简单而直接的的观象授时方法，因而也是古代先民最早掌握的授时方法。

（二）山西襄汾陶寺观象台遗址

近年来考古工作者在山西省襄汾县新石器时代陶寺文化城址发现4100多年前（相当于尧帝时期）的古

观象台遗迹 [1]，在靠陶寺古城墙的半圆形夯土台基上，呈圆弧状排列着夯土柱列，夯土柱之间构成十多道狭窄的观测缝，人们站在观测原点，可从狭缝中看到太阳从崇山（塔儿山）升起。负责陶寺城址发掘的何驽先生组织实地模拟观测，观测到冬至太阳从南端的一条观测缝中升起，夏至从北端的观测缝中升起，其他观测缝分别对应于不同的时节，证明该遗迹确实具有观象授时功能（图 2）[2]。

---

[1] 《山西襄汾县陶寺城址发现陶寺文化大型建筑基址》，《考古》2004 年第 2 期；《山西襄汾县陶寺城址祭祀区大型建筑基址 2003 年发掘简报》，《考古》2004 年第 7 期；江晓原等：《山西襄汾陶寺城址天文观测遗迹功能讨论》，《考古》2006 年第 11 期；中国社会科学院考古研究所山西工作队、山西省考古研究所、临汾市文物局：《山西襄汾县陶寺中期城址大型建筑 Ⅱ FJT1 基址 2004—2005 年发掘简报》，《考古》2007 年第 4 期。

[2] 武家璧、何驽：《陶寺大型建筑 Ⅱ FJT1 的天文年代初探》，《中国社会科学院古代文明研究中心通讯》第 8 期，2004 年 8 月；何驽：《陶寺中期小城内大型建筑 Ⅱ FJT1 发掘心路历程杂谈》，《新世纪的中国考古学：王仲殊先生八十华诞纪念论文集》，科学出版社，2005 年；武家璧、陈美东、刘次沅：《陶寺观象台遗址的天文功能与年代》，《中国科学》（G 辑）2008 年第 38 卷第 9 期。

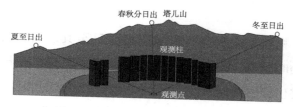

图 2　陶寺观象台观测日出示意图

陶寺观象台由观测点、观测狭缝、背景山峰等构成的巨大天文照准系统，为日出入方位授时提供场地、设施。

（三）殷墟"日至南"卜辞

《殷墟花园庄东地甲骨》290 片（H3：876）记载一次占验日出的过程（图 3）[1]，其贞辞正反对贞：

　　"癸巳卜：自今三旬又至南？弗雺？三旬亡其至南？二旬又至？"

验辞曰：

　　"乞（迄）日出，自三旬乃至。"

---

[1]　中国社会科学院考古研究所：《花园庄东地甲骨》（六），云南人民出版社，2003 年，第 1681 页。

　　根据卜辞大意，可断定自癸巳至其后 20 日、30 日的时段内，日出方位是向南移动的，"二旬"之日出，比癸巳日出要偏南许多，但卜辞并不认为已"至其南"，要等到"三旬"日出更偏南时才认定"乃至"其南，这说明"至南"不是指一般的到达南方或者偏南，而是指日出方向所能到达的"南之至极"，也就是文献记载中的"日南至"，又叫"冬至"。

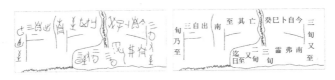

图 3　殷墟花东"至南"卜辞摹本与释文

　　上引花东卜辞虽然是"旬占"卜辞，但与一般旬贞不一样的是，本条是跨旬贞卜的，连续贞问"二旬又至"？"三旬又至"？结果是"三旬乃至"。如下表：

癸巳卜	1	2	3	4	5	6	7	8	9	10
一旬：	甲午	乙未	丙申	丁酉	戊戌	己亥	庚子	辛丑	壬寅	癸卯
二旬：	甲辰	乙巳	丙午	丁未	戊申	己酉	庚戌	辛亥	壬子	癸丑
三旬：	甲寅	乙卯	丙辰	丁巳	戊午	己未	庚申	辛酉	壬戌	癸亥
	甲子									

自癸巳之后的"三旬"（30日）冬至，即"癸亥夜"至"甲子晨"冬至。据我们研究，这一天象发生在武丁即位的第二年，公元前1249年"甲子冬至"[1]。

《左传》僖公五年、昭公二十年有两次关于"日南至"的记载，据考察，它们与实际冬至相差仅两至三天[2]，以往一般认为这是使用圭表测影来定冬至而得到的成果[3]，今据花园庄东地甲骨文的记载，它们应该是根据日出方位测定节气的结果。花东290片卜辞表明殷人已经能够提前二至三旬预先知道"日南至"（冬至），这次占验冬至日出的记录，是迄今所知我国年代最早的有关观象授时的文字记载。

（四）安徽霍山戴家院圜丘遗迹

安徽省霍山县戴家院西周遗址发现一处用于祭祀

---

[1] 武家璧：《花园庄东地甲骨文中的冬至日出观象记录》，《古代文明研究通讯》第25期（2005年6月）。

[2] 陈美东：《古历新探》，辽宁教育出版社，1995年，第52页。

[3] 中国天文学史整理研究小组：《中国天文学史》，科学出版社，1987年，第73页。

燔柴的圜丘遗迹，发掘者称之为"祭坛"（图4）[1]。殷墟卜辞有"奏丘日南"（《乙编》9067）的记载，与《周礼·大司乐》"冬日至，於地上之圜丘奏之"十分符合[2]，《周礼》贾公彦疏"云冬日至者，《春秋》所谓日南至"。

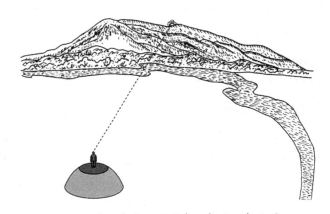

图 4　霍山戴家院西周遗址冬至日出观测

戴家院遗址周围分布着低矮丘陵，唯东南方向数公里处有复览山高耸入云，"穹窿突兀，如异兽蹲

---

[1]　朔知、怀才高:《安徽霍山戴家院遗址发掘获得重要成果》,《中国文物报》2006 年 4 月 12 日第 1 版。

[2]　萧良琼:《卜辞的"立中"与商代的圭表测影》,《科技史文集》（第10 辑）,1983 年。

踞"（光绪版《霍山县志》），其形如"异兽"的顶部只有唯一一个山凹，负责戴家院遗址发掘的朔知（吴卫红）先生，在冬至前后站在圜丘顶部正中央，观测到冬至日出从复览山唯一山凹冉冉升起的壮观景象（图4）[1]，证明复览山是圜丘遗址观测冬至日出的自然照准系统，而复览山顶部的唯一山凹是日出方位的最南点、冬至日出的标志点。西周时人们站在这个祭坛上，通过观测日出方位得到冬至日期，于是在此燔柴，举行祭祀活动。

（五）秦汉地平式日晷

出土秦汉时期的地平式日晷，或称为晷仪[2]，是日出入方位授时的最典型的实物证据（图5）。日晷正面上的圆周等分为 100 份，有放射线条纹 1—69 条（占68 份），代表地平昼夜弧的极大值；余 32 份空白代表

---

[1] 武家璧、吴卫红：《试论霍山戴家院西周圜丘遗迹》，《东南文化》2008 年第 3 期；朔知、怀才高：《安徽霍山戴家院遗址发掘获得重要成果》，《中国文物报》2006 年 4 月 12 日第 1 版。

[2] 李鉴澄：《晷仪——现存我国最古老的天文仪器之一》，《科技史文集》第 1 辑（天文学史专辑），上海科学技术出版社，1978 年，第31—38 页。

地平昼夜弧的极小值。将放射线区及空白区的中分线
对准正南北方向，那么第 1 与第 69 条射线及其反向
射线指向的四个方位，就是冬夏二至的日出、日入方
向[1]。容易换算得冬至日出方位角为东偏南 32.4°。

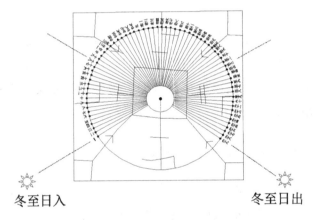

图 5　日晷的日出入方位

这是将地平圆周 100 等分得到的日出入方位角，
由此得到冬至地平昼夜弧的比值为 32/68 =8/17，即把
一天分为 25 等份（地平数据），有昼夜比："日八、夕
十七"。如果把地平圆周分为 32 等份，得到凌家滩玉

---

[1]　武家璧：《出土日晷测制地的推算》，《古代文明研究通讯》第 5 期
　　（2000 年 6 月）。

版的日出入方位，冬至地平昼夜弧的比值为：5/11。如果把地平圆周分为 16 等份，得到秦简"日夕分"中的昼夜弧，在数值上与凌家滩玉版完全一致（详下）。

（六）秦简"日夕分"数据

云梦睡虎地秦简《日书》中有"日夕数"表[1]，记载了十二个月份的"日""夕"对比分数，每一昼夜的日夕总数为十六分，如下表：

上半年		下半年	
月名	日夕数	月名	日夕数
正月	日七夕九	七月	日九夕七
二月	日八夕八	八月	日八夕八
三月	日九夕七	九月	日七夕九
四月	日十夕六	十月	日六夕十
五月	日十一夕五	十一月	日五夕十一
六月	日十夕六	十二月	日六夕十

《论衡·说日篇》有类似记载，称为"昼夜分"。这套数据不是昼夜长短（漏刻）的变化值。目前最早完整记录二十四节气昼夜漏刻值的是后汉《四分历》，

---

[1] 云梦睡虎地秦墓编写组：《云梦睡虎地秦墓》，文物出版社，1981 年。

与实际观测（洛阳纬度 34°43′）符合得很好[1]，其昼长极大值为 60/100，而秦简"日夕分"的昼弧极大值为 11/16 ＝ 68.75/100，比《四分历》昼长极大值要短 8.75%，化为时间则相差今 2.1 小时，这证明秦简日夕数不是时角昼夜弧的比值，而是地平昼夜弧的数据。

如果把秦简"日夕分"与日晷上的地平昼夜弧比较，则发现它们惊人地相似：两者的昼夜弧极大值在百分数的整数部分近似相等，即 11/16 ≈ 68%，5/16 ≈ 32%。这表明秦简日夕分与地平式日晷上的刻分性质相同，反映的都是地平方位数据。由秦简"日夕分"换算得其冬至日出方位为东偏南 33.75°。它与地平日晷在冬至日出方位（东偏南 32.4°）上的差值，是由等分圆周的不同份数造成的，日晷把圆周分为 100 等份，而秦简"日夕分"只把地平圈分为 16 等份，两者的日出方位角的份值是近似相等的。

---

[1] 李鉴澄：《论后汉四分历的晷景、太阳去极和昼夜漏刻三种记录》，《天文学报》1962 年第 1 期。

二、见伏星授时

"见"星现代天文学叫"偕日出"星，"伏"星叫"偕日落"星。"偕日"出落现象是最早被用来观象授时的星象。例如古代埃及的太阳历，就是根据天狼星的偕日出与尼罗河同时开始泛滥作为一年开始的。《大戴礼记》的《夏小正》经文记载了 17 个星象：

正月，鞠则见，初昏参中，斗柄悬在下。

三月，参则伏。

四月，昴则见，初昏南门正。

五月，参则见，初昏大火中。

六月，初昏斗柄正在上。

七月，汉案户，初昏织女正东乡，斗柄悬在下则旦。

八月，辰则伏，参中则旦。

九月，辰系于日。

十月，初昏南门见，织女正北乡则旦。

其中有"见"星四条、"伏"星两条。按《夏小正》记述天象的方式，凡言"则见"者谓旦见东方，凡言"则伏"者谓昏见西方，是谓"晨见昏伏"星。当见伏星与月份（节气）相联系时，就是见伏星授时（图6）。

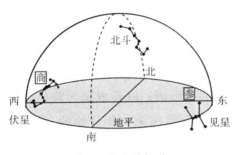

图6　见伏星授时

"鞠则见"的"鞠"字又写作"咮"。《说文》："咮，鸟口也。"《尔雅·释天》："咮谓之柳。柳，鹑火也。"郭璞《注》："咮，朱鸟之口也。"《左传·襄九年》："古之火正，或食于心，或食于咮，以出内火。是故咮为鹑火，心为大火。""正月鞠则见"意味着二十八宿中的柳宿（鹑火）晨见东方，是岁首的标志。

"八月辰则伏"的"辰"又叫"大辰"。《尔雅·释天》"大辰，房心尾也"。《国语·周语中》"辰角见而雨毕"，韦昭注："辰角，大辰苍龙之角"。《史记·天官书》"东宫苍龙，房心，心为明堂"。《集解》引李巡曰"大辰，苍龙宿，体最明也"。由此可见"大辰苍龙"指房心尾三宿，昏见于西方，为八月秋分前后的星象。

《大戴礼记》在《夏小正》经文"初昏南门见"下作《传》曰："南门者，星也，岁再见，一正，盖《大正》所取法也。"这段传文的意思是说：南门是星名，它一年之中两次作为始见星，即晨见于东、昏伏于西；一次正于南中；南门星的上述"再见一正"，是制定《大正》历法的依据。

三、中星授时

中星观测是指在一定的时间和地点（纬度）观测经过中天的星体。天文学上把在天球上通过北极、天顶和正南的大圆，叫做天球子午线，天球子午线所在的经圈叫做天球子午圈。天体正好过子午圈叫做中天；经过天顶所在的那半个子午圈时，天体到达最高位置，称为上中天；经过天底所在的那半个子午圈时，天体到达最低位置，叫做下中天。中国古代习惯上把某个时刻正好位于正东向、正南向、正北向、正西向等四正方位上的星象，叫做"正星"，其中在南部天空过中天的星又叫做"中星",古书或称之为"中""正""南中""南正"等。用观测仪器在平旦开始时刻观测到的中星叫旦中星,在黄昏终止时刻观测到的中星叫昏中星(图7)。

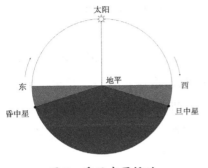

图7　昏旦中星授时

最早的中星授时见于《尚书·尧典》的记载:

　　寅宾出日,平秩东作,日中星鸟,以殷仲春,厥民析,鸟兽孳尾。

　　平秩南讹,敬致,日永星火,以正仲夏,厥民因,鸟兽希革。

　　寅饯纳日,平秩西成,宵中星虚,以殷仲秋,厥民夷,鸟兽毛毨。

　　平在朔易,日短星昴,以正仲冬,厥民隩;鸟兽氄毛。

其中"星鸟""星火""星虚""星昴"等就是四仲中星天象，并不能直接拿来判定相应节气日是否到来，直接判定节气的是"日中""日永""宵中""日短"等昼夜长短的变化。尤其值得注意的是，在仲春节气（春分）举行了"迎日出"典礼——"寅宾出日"；在仲秋节气（秋分）举行了"送日入"典礼——"寅饯纳日"；在冬夏至日也举行了"敬致"（《周礼·冯相》"冬夏致日"）一类的祭日活动。这表明《尧典》的二分二至是通过测定日出方位和昼夜长短两种手段来确定的，其他关于民居的季节性变化以及鸟兽繁殖、换毛等物候，作为季节变换的参考，不能用来准确测定节气日的到来。"四仲中星"等天象是节气日被测定以后的附属产物，转而用来作为"殷正四仲"的标准天象，应该是历法应用的结果。

《鹖冠子·天则篇》云："中参成位，四气为正，前张后极，左角右铖。"所谓"中参"就是参宿昏中，这是当时立春时节的天象。如果以"昏参中"为岁首（即"成位"），那么一年中春、夏、秋、冬四季的顺序正好摆正（即"四气为正"）；立春时夜半"四塞"星象为：前张宿、后极星、左大角、右铖星。农历以立春为岁首，对于历法而言，岁首星象具有重要的标志性意义。

《诗经·豳风·七月》中说"七月流火，九月授衣"，是说农历七月，大火星初昏时开始从南中天向西南方向下沉，天气开始变冷，到九月就应该分发用来御寒的冬衣了。三星是上古特别引人注目的一组恒星，有参宿三星、心宿三星、河鼓三星等。《诗经·唐风·绸缪》分三章咏叹"三星在天""三星在隅""三星在户"，可以解释为一夜之间三个星座的依次出现。首章"三星在天"指初昏参宿三星出现在天中；第二章"三星在隅"反映夜半心宿三星出现在东南隅的地平线上；第三章"三星在户"是河鼓三星平旦出现在透过窗户所见的东方低空中。

中星观测既可以直接用于授时，还可以用于推测太阳位置，而太阳位置是与季节直接相关的。《国语·周语上》载：

> 宣王即位，不籍千亩，虢文公谏曰"……农祥晨正，日月底于天庙，土乃脉发。"

农祥、天庙分别是二十八宿中房宿和营室的别名。

"晨正"就是旦中星。根据房宿旦中可以推算日在营室。《左传》中也有一条根据旦中星求得日在位置的记载，《左传》僖公五年（前655年）：

> 其在九月、十月之交乎！丙子旦，日在尾，月在策，鹑火中，必是时也。

较早比较完备地记载昏旦中星与太阳位置的文献是《吕氏春秋·十二纪》及《礼记·月令》，两者除个别星名有异之外，所记几乎完全相同，兹将《吕氏春秋》所记抄录如下：

> 孟春之月，日在营室，昏参中，旦尾中。
> 仲春之月，日在奎，昏弧中，旦建星中。
> 季春之月，日在胃，昏七星中，旦牵牛中。
> 孟夏之月，日在毕，昏翼中，旦婺女中。
> 仲夏之月，日在东井，昏亢中，旦危中。
> 季夏之月，日在柳，昏心中，旦奎中。
> 孟秋之月，日在翼，昏斗中，旦毕中。
> 仲秋之月，日在角，昏牵牛中，旦觜嶲中。

　　　　季秋之月，日在房，昏虚中，旦柳中。

　　　　孟冬之月，日在尾，昏危中，旦七星中。

　　　　仲冬之月，日在斗，昏东壁中，旦轸中。

　　　　季冬之月，日在婺中，昏娄中，旦氐中。

　　这十二条记载记录了太阳在十二个节气点位置上所对应的昏旦中星，只剩下昴星、张宿两宿由于既不在十二节气点上，又没有充当昏旦中星，故没有记录。为了准确地利用中星推算太阳所在位置，需要在黄道附近建立一套固定的参考坐标，二十八宿距度由此而产生。

　　《淮南子·天文训》：

　　　　欲知天道，以日为主，六月当心……〔日〕正月营建室……六月建张。

此谓六月太阳位置在张宿，则初昏时张宿必为伏星；其时斗柄上指南，心宿正当其前，则心宿为昏中星。

　　《吕氏春秋·十二纪》及《礼记·月令》等皆详载昏旦中星，而不载斗柄悬正。西汉初期文献所载划分季节的依据已为夜半中星所取代，如《淮南子·天文训》：

> 日冬至则斗北中绳，……日夏至则斗南中绳。

当时冬至日在斗（南斗），则夜半时南斗下中天，故称"斗北中绳"；夏至日在东井，夜半时南斗上中天，故称"斗南中绳"。汉以后，夜半中星遂取代斗柄授时和昏旦中星，成为观象授时的主要方法。

四、斗柄授时

随着生产的发展和社会的进步，在民间逐渐兴起一种更加简单而又直观的授时方法，即利用北斗星斗柄的指向来辨别季节，在天文历法上叫做"斗柄授时"。"斗转星移"是季节变换的标志，在固定的晨昏曚影时刻或者夜半时刻，观测北斗星斗柄的指向，可以准确地判断四季的交替与节气的变换（图8）。《夏小正》对斗柄授时法有十分精确的记载，如云：

正月，初昏参中，斗柄悬在下。

六月，初昏，斗柄正在上。

七月，初昏织女正东向，斗柄悬在下则旦。

上述记载有两点值得特别注意：第一是以"斗柄悬在下"这一星象作为昏、旦所见天象，分别置于岁首（正月）和年中（七月），用同一天象来校正一年的始点和中点，真正做到了历法上所要求的"履端于始，举正于中"；第二是把黄昏和平旦时刻的"斗柄悬在下"星象，分别与中星观测中的中星（参宿）和正星（织女）相联系，这意味着建立了中星授时与斗柄授时两种体系的对应关系，两者之间可以互相参证。

战国时期，斗柄授时的方法在南方楚国地区十分盛行，楚人鹖冠子在著述中就比较完整地记述了斗柄授时的基本方法。鹖冠子是著名的隐士，道家的代表人物之一，他的著作不是专门用来描述和解释天象的，"著书言道家事"，但书中往往引述数术、方技之学以证其道论要旨，故此书保留了不少当时有关天文历法方面的知识。如《鹖冠子·环流篇》云：

斗柄东指，天下皆春；

斗柄南指，天下皆夏；

斗柄西指，天下皆秋；

斗柄北指，天下皆冬。

斗柄运于上，事立于下；斗柄指一方，四塞俱成，此道之用法也。

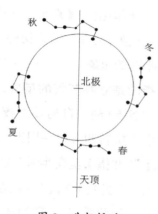

图 8　斗柄授时

鹖冠子认为，存在着一种叫做"道"的东西，它在宇宙中表现为一种时空关系，即某一方位与某个季节之间的必然联系，掌握和利用这种必然联系，人们就能进行斗柄授时。一句话，斗柄授时是"道之用法"，用现代话来说就是"道"自身的具体体现。通过鹖冠子所举的这个例子，我们可以明确他所说的"道"，就是我们现在所说的客观规律或自然规律。

所谓"斗柄北指"，《夏小正》称为"斗柄悬在下"；

"斗柄南指",《夏小正》称为"斗柄正在上"。所不同的是《夏小正》所载为初昏时的星象,《鹖冠子》所记为夜半时的星象。《夏小正》"正月初昏参中,斗柄悬在下",指的是立春节气的星象,按汉以前制度,立春昼夜漏刻各50刻,自初昏至夜半历时25刻,斗柄正好在夜空中旋转四分之一周天(90度),故初昏时"斗柄悬在下"(北指),至夜半时斗柄旋转90度就必然指向正东方,所以《鹖冠子》说"斗柄东指,天下皆春"。

如此看来,《鹖冠子》所说的斗柄四指,最初是用来制定历法的、非常精确的授时方法。这种授时方法以夜半时斗柄指向四正方位为依据,把一年划分为四等份,即四季。这种四季的划分,只依赖同一显著可见且永不没入地下的星座——北斗,比中星授时更简单且实用,容易被人们理解和掌握。

五、晷影法

文献记载商周以降我国古代天文历法常用立竿测影的方法,依据正午时晷影的长度来划分季节(图9)。这种观象授时方法,据目前所知商朝人已经掌握,殷墟甲骨文称之为"立中"[1]。相传西周初年，周公旦曾向殷人商高学习"勾股术"，然后在东都洛邑建立圭表以测晷影，其所立八尺之表叫"周髀"。

《左传·僖公五年》："春王正月辛亥朔，日南至。公既视朔，遂登观台以望，而书，礼也。凡分至启闭，必书云物，为备故也。"杜预注："周正，今十一月，冬至之日，日南极。"杜注把"日南至"看作日午时太阳高度到达最低（南）点，即指日躔。《周礼·冯相氏》："冬夏致日。"郑玄注："冬至日在牵牛，景（影）长三尺；夏至日在东井，景长五寸。此长短之极，极则气至。"《周髀算经》有"日夏至在东井极内衡，日冬至在牵牛极外衡也"，"冬至晷长一丈三尺五寸，夏至晷长一尺六寸"。《汉书·天文志》的记载和说明更为详细：

> "黄道，一曰光道。光道北至东井，去北极近；南至牵牛，去北极远……夏至至于东井，北近极，故晷短；立八尺之表，而晷景长尺五寸八分。冬至至于牵牛，远极，故晷长；立八尺之表，而晷

---

[1] 萧良琼：《卜辞中的"立中"与商代的圭表测影》，《科技史文集》（第10辑），上海科学技术出版社，1983年。

景长丈三尺一寸四分……此日去极远近之差，晷
景长短之制也。去极远近难知，要以晷景。晷景者，
所以知日之南北也。"

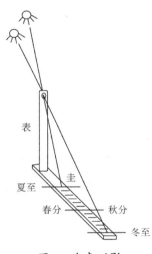

图9　圭表测影

这是"周髀"系统解释太阳距离北极达到最南点为"日南至"（冬至），方法就是立表（周髀）测量正午时日影最长的那天为"日南至"。实际上甲骨文的"至南"是指"日出至南"，与"周髀"不属于一个系统。

有关圭表测影的基本原理和定量方法，详细地记录在《周髀算经》一书中。周髀术还可以用来进行大地测量。相传周公以此术测得"地中"在洛阳，于是决定在此地营建东都，日中立竿测影；其下地圭与冬至晷影等长，谓之"土圭"。土圭与周髀互为勾股。文献对"土圭"有较详细的记载：

"土圭尺有五寸。"(《周礼·考工记》)

"日至之景，尺有五寸，谓之地中……乃建王国焉，制其畿，方千里而封树之……凡建邦国，以土圭土（度）其地而制其域。"(《周礼·大司徒》)

"土圭之长，尺有五寸。以夏至之日，立八尺之表，其景适与土圭等，谓之地中。"(《周礼·大司徒》郑司农注)

"周髀长八尺，勾（日影）之损益寸千里"，"冬至晷长一丈三尺五寸，夏至晷长一尺六寸"。(《周髀算经》)

"掌土圭之法以致日景（影），以土（度）地相宅而建邦国都鄙。"(《周礼·土方氏》)

"土圭以致四时日月，封国则以土（度）地。"(《周礼·典瑞》)

从上述情况来看，圭表测影法在周初的两项重大政治决策——营建东都和封建诸侯的活动中发挥了重要作用。尤其是在营建东都洛邑的问题上，周公可能遇到了宗周贵族们的抵制，周公、召公巧妙地利用晷长数据的巧合性说服他们。因为冬至晷长 13.5 尺、夏至暑长 1.5 尺，两者相减除以 2 等于 6 尺，正好是春秋分的暑长（影端位于二至影端的正中间）。春秋分日出入于正东西方，暑长 6 尺与表高 8 尺，正好是商高所言"勾三股四"数值的两倍。

周公利用商高定理以及周髀的神秘数字，把洛邑神化为"地中"（大地中央），使得反对营建东都的人们无话可说。后来的事实证明营建东都是具有远见卓识的重大决策。圭表测影法理所当然地受到周人的推崇，秦汉以降历代天文历算家将它奉为推步制历的圭臬。

后世之所以推崇圭表测影法，除了上述政治原因外，还有一个技术因素。从理论上讲，日出方位也是可以用来进行大地测量的，因为与暑影相类似，日出方位也随着地理纬度的变化而改变，二至日出方位角的不同也可反映所建"邦国"与"地中"洛邑的远近。但衡量这种改变的大小需要进行角度测量，中国古代擅长于长度测量而不习惯于角度测量，必须测量角度时往往将角度换算成长度来度量。这使得日出方位不大可能被利用来进行大地测量，而它所具备的授时功能又可为圭表法所取代，故此种方法日渐式微以致鲜有所闻，直到今天与日出入法有关的大量考古发现被揭示，才引起学术界的关注。

圭表测影由于受到太阳半影及日光散射等影响，表影的影端很难确定，而且表竿是否垂直，地圭是否水平，对测量结果都有很大的影响，因而误差较大。后世屡有改进，才日臻完善。以狭缝测日出方位，则不受这些影响，因之相比圭表法显得更加简便而准确。先民们应该首先掌握简便的方法。

六、漏刻法

漏刻法直接测量昼夜长短，以昼极长、夜极短为夏至，以昼极短、夜极长为冬至，昼夜平分为春秋分。其他平气在分至之间平均划分即可。实际上对于上古的平均节气而言，只需测得昼夜长短的极大、极小值就可以了。但它需要漏刻一类的计时工具，是比较晚出的定节气方法。

《隋书·天文志》载："昔黄帝创观漏水，制器取则，以分昼夜。"《初学记》卷二十五引梁《漏刻经》："漏刻之作，盖肇于轩辕之日，宣乎夏商之代。"《周礼·挈壶氏》："掌挈壶以令军井……悬壶……皆以水火守之，分以日夜。"虽然文献载漏刻创制甚早，然迄今所见最早的漏壶实物为西汉时制，如满城、兴平汉墓漏壶等[1]。

中国古代的漏刻制度与后世的钟表计时不同，它不从夜半或者午中开始计时，而是从"昼始"和"夜始"开始计时，称昼漏多少刻、夜漏多少刻。这是由漏刻的两项功能决定的，首先用于日常生活计时，其次以漏刻反映昼夜长短变化，为"治历明时"服务。下面对比《颛顼历》与《夏历》的漏刻法，以说明地平方法与赤道方法在上古历法定节气中的应用。

《颛顼历》的漏刻法经过汉武帝时期的整理，到东汉早期仍施用，被称为"官漏"。李淳风《隋书·天文志上》载："刘向《洪范传》记武帝时所用法云：'冬夏二至之间，一百八十余日，昼夜差二十刻。'大率二至之后，九日而增损一刻焉。"唐徐坚《初学记》卷二十五引梁《漏刻经》云："冬至之后日长，九日加一刻……夏至之后日短，九日减一刻。或秦之遗法，汉

---

[1] 中国社会科学院考古研究所编著：《中国古代天文文物图集》，文物出版社，1980年，第39—40页。

代施用。"这种所谓"秦之遗法"与秦简"日夕分"同属《颛顼历》，属于盖天家的地平系统。

官漏"九日增减一刻"的方法，大约是与"日夕分"方法相适应的一种粗略的经验算法。《淮南子·天文训》载"距日冬至四十六日而立春……四十五日而立夏"等等，则"四立"距"分至"各四十五日余，在分至昼夜刻上加减五刻，每刻增减九日，五九四十五日即得立春、立夏、立秋、立冬的昼夜刻，使得分至启闭的昼刻与夜刻皆得整数刻。东汉和帝永元年间太史霍融发现这种经验算法的不准确性，掀起了一场漏刻制度改革，最终浑天家的"晷景漏刻"制取代了"九日增减一刻"的官漏[1]。司马彪《续汉书·律历志中》有载，为便于分析，详引如下：

　　　　永元十四年（102 年），待诏太史霍融上言："官漏刻率九日增减一刻，不与天相应，或时差至二刻半，不如《夏历》密。"诏书下太常，令史官与（霍）融以仪校天，课度远近．

---

[1]　陈美东：《中国古代的漏箭制度》，《广西民族学院学报》（自然科学版），2006 年第 12 卷第 4 期。

太史令舒、（卫）承、（李）梵等对："……今官漏率九日移一刻，不随日进退。《夏历》漏刻随日南北为长短，密近于官漏，分明可施行。"

其年十一月甲寅，诏曰："……今官漏以计率分昏明，九日增减一刻，违失其实，至为疏数以祸法。太史待诏霍融上言，不与天相应。太常史官，运仪下水，官漏失天者至三刻。以晷景为刻，少所违失，密近有验。今下晷景、漏刻四十八箭，立成斧，官府当用者，计吏到，班予四十八箭。"

霍融推荐并获得实行的"《夏历》漏刻"有两大特点：一是"以晷景为刻"，即由晷影长决定昼夜刻，以取代《颛顼历》与"日夕分"相联系的昼夜刻；二是"日南北二度四分而增减一刻"，即由日在黄道上的去极度增减"二度四分"决定昼夜漏增减一刻，以取代九日增减一刻。晷长与黄道去极两者是相关联的，因为黄道去极度——太阳赤纬的余角，是由正午时的太阳高度换算得来的，而正午时的影长就是晷影。据《周髀算经》载，当时测得黄赤夹角为二十四度，南北合四十八度，按一度换一漏箭得四十八箭；按二度四分增减一刻得二至昼夜差二十刻。

仅二至"昼夜差"二十刻与"秦之遗法"略同外，《夏历》主要法术已根本改变，形成"晷影长——黄道去极——昼夜漏——昏旦中星——日所在"等新一套历法的算法体系。"黄道去极度"是浑天说使用的基本概念，因此这一系统是浑天家的赤道系统。孔子主张"行夏之时"（《论语·卫灵公》），说明大约在春秋末年，《夏历》定节气方法的优越性，就已经为孔子所认识。

《夏历》"晷漏"算法的实质是据太阳赤纬定节气，可称为赤道方法；《颛顼历》"日夕分"算法的实质是据日出入方位定节气，可称为地平方法。两者在天文学原理上并无优劣之分，但在具体算法上却有高下之别。《夏历》漏刻"随日南北（赤纬变化）为长短"，故"密近有验"；而《颛顼历》官漏可能出于分至启闭皆得全刻的考虑给出"九日增减一刻"的经验算法，误差达2.5—3刻，因而在竞争中败给了《夏历》。后汉《四分历》的主要作者之一李梵参与了永元漏刻改制的全过程，故《四分历》采用晷漏算法。在中国古代的推步历法中，后汉《四分历》首次给出二十四节气昼夜漏刻表，该表是蔡邕和刘洪在洛阳经多年实测，于汉灵帝熹平三年（174年）得到的[1]。此后这一做法为历代历法家所继承，"日夕分"等地平方法，从此退出历史舞台，以致湮没无闻。

（原载于《气象科学技术的历史探索——第二届气象科学技术史研讨会论文集》，气象出版社，2017年，第54—67页）

---

[1] 　陈美东：《古历新探》，辽宁教育出版社，1995年，第185—186页。

参考文献

专著

[1] 〔英〕李约瑟:《中国科学技术史》(第四卷第一分册《天学》),科学出版社,1975年。

[2] 〔法〕A.丹容:《球面天文学和天体力学引论》,李珩译,科学出版社,1980年。

[3] 〔唐〕李吉甫:《元和郡县图志》,中华书局,1983年。

[4] 〔元〕赵友钦:《革象新书》,《续金华丛书》本,1924年。

[5] 〔明〕顾祖禹:《读史方舆纪要》,中华书局,2005年。

［6］〔明〕李贤、彭时等:《大明一统志》(卷二〇),三秦出版社,1990年。

［7］〔清〕杨守敬:《水经注图》,《杨守敬集》(第五册),湖北教育出版社,1997年。

［8］〔清〕张鸿逵:《续修曲沃县志·山水志》,凤凰出版社(江苏古籍出版社),2005年。

［9］安徽省文物考古研究所编:《凌家滩玉器》,文物出版社,2001年。

［10］安徽省文物考古研究所、蚌埠市博物馆:《蚌埠双墩——新石器时代遗址发掘报告》,科学出版社,2008年。

［11］陈美东:《古历新探》,辽宁教育出版社,1995年。

［12］陈美东:《中国科学技术史·天文学卷》,科学出版社,1980年。

［13］陈梦家:《殷墟卜辞综述》,中华书局,1988年。

［14］陈全方:《周原与周文化》,上海人民出版社,1988年。

［15］范祥雍:《古本竹书纪年辑校订补》,上海人民出版社,1962年。

［16］顾洪编:《顾颉刚读书笔记》(第一编史学篇),

中国青年出版社，1998年。

［17］ 何光岳:《炎黄源流史》，江西教育出版社，1992年。

［18］ 黄宣民、陈寒鸣主编:《中国儒学发展史》（三卷本），中国文史出版社，2009年。

［19］ 李伯谦:《中国青铜文化结构体系研究》，科学出版社，1998年。

［20］ 刘士莪:《老牛坡》，陕西人民出版社，2002年。

［21］ 刘纬毅编，郝数侯校:《山西历史地名録》（《地名知识》专辑修订本），山西省地名领导组、《地名知识》编辑部出版，1979年。

［22］ 山西省考古研究所侯马工作站编:《晋都新田——纪念山西省考古研究所侯马工作站建站40周年》，山西人民出版社，1996年。

［23］ 宋思远:《曲沃地名志》，曲沃县县志编纂委员会办公室，2012年。

［24］ 苏秉琦:《中国文明起源新探》，三联书店，1999年。

［25］ 吴锐主编:《古史考》（第八卷），海南出版社，2003年。

[26]　吴锐:《中国思想的起源》(第一卷),山东教育
　　　　出版社,2003年。

[27]　王利器:《史记注译》,三秦出版社,1988年。

[28]　西安半坡博物馆:《西安半坡》,文物出版社,
　　　　1982年。

[29]　俞伟超:《先秦两汉考古学论集》,文物出版社,
　　　　1985年。

[30]　杨国勇:《山西上古史新探》,中国社会科学出
　　　　版社,2002年。

[31]　杨向奎:《中国古代社会与古代思想研究》(上
　　　　册),上海人民出版社,1962年。

[32]　杨向奎:《自然哲学与道德哲学》,济南出版社,
　　　　1995年。

[33]　杨锡璋、商炜主编:《中国考古学·夏商卷》,
　　　　中国社会科学出版社,2003年。

[34]　云梦睡虎地秦墓编写组:《云梦睡虎地秦墓》,
　　　　文物出版社,1981年。

[35]　章太炎:《章太炎全集》(四),上海人民出版社,
　　　　1984年。

[36]　邹衡:《夏商周考古论文集》,文物出版社,

1984 年。

［37］ 中国天文学史整理研究小组：《中国天文学史》，科学出版社，1981 年。

［38］ 中国社会科学院考古研究所编著：《中国古代天文文物图集》，文物出版社，1980 年。

［39］ 中国社会科学院考古研究所：《花园庄东地甲骨》（六），云南人民出版社，2003 年。

［40］ 中国科学院紫金山天文台：《2000 中国天文年历》，科学出版社，1999 年。

［41］ 中国科学考古研究所、陕西省西安半坡博物馆：《西安半坡——原始氏族公社聚落遗址》（考古学专刊丁种第十四号），文物出版社，1963 年。

［42］ 中共临汾市委宣传部编：《帝尧之都中国之源——尧文化暨德廉思想研讨会论文集》，中国社会科学出版社，2015 年。

论文

［1］〔日〕薮内清：《关于唐曹士蒍的符天历》，柯士仁译，《科学史译丛》1983 年第 1 期。

［2］〔日〕中山茂:《符天历の天文学史的位置》,《科学史研究》1964 年 71 号。

［3］ 安徽省文物工作队、阜阳地区博物馆、阜阳县文化局:《阜阳双古堆西汝阴侯墓发掘简报》,《文物》1978 年第 8 期。

［4］ 安徽省文物考古研究所:《安徽含山凌家滩新石器时代墓地发掘简报》,《文物》1989 年第 4 期。

［5］ 安金槐:《豫西夏代文化初探》,《河南文博通讯》1978 年第 2 期。

［6］ 北京大学考古专业商周组等:《晋豫鄂三省考古调查简报》,《文物》1982 年第 7 期。

［7］ 陈久金、陈美东:《临沂出土汉初古历初探》,《文物》1974 年第 3 期。

［8］ 陈美东:《日躔表之研究》,《古历新探》,辽宁教育出版社，1995 年。

［9］ 陈美东:《中国古代的漏箭制度》,《广西民族学院学报》(自然科学版),2006 年第 12 卷第 4 期。

［10］ 陈昌远:《"虫伯"与文王伐崇地望研究——兼论夏族起于晋》,《河南大学学报》1992 年第 1 期。

［11］ 陈梦家:《殷墟卜辞综述》，中华书局，1988 年。

〔12〕 丁山:《由三代都邑论其民族文化》,《中央研究院历史语言研究所集刊》(五)1935年。

〔13〕 高炜、高天麟、张岱海:《关于陶寺墓地的几个问题》,《考古》1983年第6期。

〔14〕 高炜等:《陶寺遗址的发掘与夏文化的探索》,《中国考古学会第四次年会论文集》,文物出版社,1985年。

〔15〕 顾颉刚、刘起釪:《〈尚书西伯勘黎〉校释译论》,《中国历史文献研究集刊》(第一集),湖南人民出版社,1980年。

〔16〕 关增建:《中国天文学史上的地中概念》,《自然科学史研究》2000年第3期。

〔17〕 桂娟:《河南登封考古有新发现——大城可能是"禹都阳城"》,《人民日报》海外版2005年1月27日第二版。

〔18〕 黄石林:《陶寺遗址乃尧至禹都论》,《文物世界》2001年第6期。

〔19〕 何驽:《陶寺中期小城内大型建筑ⅡFJT1发掘心路历程杂谈》,载北京大学震旦古代文明研究中心编《古代文明研究通讯》,第23期,

2004 年 12 月；又见《新世纪的中国考古学：王仲殊先生八十华诞纪念论文集》，科学出版社，2005 年。

[20] 何驽：《2004—2005 年山西襄汾陶寺遗址发掘新进展》，《中国社会科学院古代文明研究中心通讯》2005 年第 10 期。

[21] 何驽：《陶寺中期小城大型建筑基址 II FJT1 实地模拟观测报告》，《古代文明研究通讯》2006 年第 29 期。

[22] 何驽：《陶寺中期观象台实地模拟观测资料初步分析》，北京大学古代文明中心编《古代文明》（第 6 卷），文物出版社，2007 年。

[23] 何驽：《陶寺考古：尧舜"中国"之都探微》，《帝尧之都中国之源——尧文化暨德廉思想研讨会论文集》，中国社会科学出版社，2015 年。

[24] 江晓原、陈晓中、伊世同等：《山西襄汾陶寺城址天文观测遗迹功能讨论》，《考古》2006 年 11 期。

[25] 江晓原：《〈尚书·尧典〉之释读》，《天学外史》，上海人民出版社，1999 年。

［26］ 吉琨璋:《曲沃羊舌晋侯墓地 1 号墓墓主初论——兼论北赵晋侯墓地 93 号墓主》,《中国文物报》2006 年 9 月 29 日第 7 版。

［27］ 李学勤:《文王玉环考》,《华学》第一辑,中山大学出版社,1999 年。

［28］ 李伯谦:《晋国始封地考略》,《中国文物报》1993 年 12 月 12 日。

［29］ 李伯谦:《天马—曲村遗址发掘与晋国始封地的推定》,《中国青铜文化结构体系研究》,科学出版社,1998 年。

［30］ 李伯谦:《中国古代文明演进的两种模式——红山、良渚、仰韶大墓随葬玉器观察随想》,《文物》2009 年第 3 期。

［31］ 李伯谦:《陶寺就是尧都　值得我们骄傲》,《帝尧之都中国之源——尧文化暨德廉思想研讨会论文集》,中国社会科学出版社,2015 年。

［32］ 李民:《〈禹贡〉"冀州"与夏文化探索》,《社会科学战线》1983 年第 3 期。

［33］ 李民:《〈禹贡〉"豫州"与夏文化探索——兼议夏代的中心区域》,《中州学刊》1985 年第 1 期。

［34］ 李民:《尧舜时代与陶寺遗址》,《史前研究》
 1985 年第 4 期。

［35］ 李鉴澄:《晷仪——现存我国最古老的天文仪器
 之一》,《科技史文集》(第一辑), 上海科技出
 版社, 1978 年。

［36］ 李鉴澄:《论后汉四分历的晷景、太阳去极和昼
 夜漏刻三种记录》,《天文学报》1962 年第 1 期。

［37］ 林小安:《踏破铁鞋有觅处——记考古学家邹衡
 先生》,《文物天地》1997 年第 4 期。

［38］ 梁星彭:《陶寺城址——我国尧舜禹时代进入文
 明社会的标志》,《帝尧之都中国之源——尧文
 化暨德廉思想研讨会论文集》, 中国社会科学
 出版社, 2015 年。

［39］ 刘起釪:《由夏族原居地纵论夏文化始于晋
 南》,《华夏文明》(第一辑), 北京大学出版社,
 1983 年。

［40］ 刘俊男:《崇山羽山与南岳衡山辨》,《华夏上古
 史研究》, 延边大学出版社, 2000 年。

［41］ 马世之:《虞舜的王都与帝都》,《中原文物》
 2006 年第 1 期。

［42］ 庞朴:《"火历"初探》,《社会科学战线》1978年第 4 期。

［43］ 庞朴:《"火历"续探》,《中国文化研究集刊》(第一辑),复旦大学出版社,1984年。

［44］ 庞朴:《"火历"三探》,《文史哲》1984年第 1 期。

［45］ 庞朴:《火历钩沉———一个遗佚已久的古历之发现》,《中国文化》(创刊号),1989年。

［46］ 沈长云:《禹都阳城即濮阳说》,《中国史研究》1997年第 2 期。

［47］ 钱宝琮:《盖天说源流考》,《科学史集刊》(创刊号)1958年第 1 期。

［48］ 山西省考古研究所:《山西曲沃羊舌村发掘又一处晋侯墓地》,《中国文物报》2006年 9 月 29日第 2 版。

［49］ 朔知、怀才高:《安徽霍山戴家院遗址发掘获得重要成果》,《中国文物报》2006年 4 月 12日第 1 版。

［50］ 苏秉琦:《华人·龙的传人·中国人———考古寻根记》,《中国建设》1987年第 9 期。

［51］ 田昌五:《先夏文化探索》,《文物与考古论集》,

文物出版社，1987 年。

[52] 田建文:《天上掉下晋文化（下）》,《文物世界》
2004 年第 3 期。

[53] 田建文:《晋都新田的两个问题》,《中国文物报》
2008 年 9 月 12 日第 7 版。

[54] 王青:《鲧禹治水神话新探》,《河南大学学报》
1992 年第 1 期。

[55] 王文清:《陶寺遗存可能是陶唐氏文化遗存》,
《华夏文明》（第一辑），北京大学出版社，
1987 年。

[56] 王克林:《陶寺文化与唐尧、虞舜——论华夏文
明的起源（上）》,《文物世界》, 2001 年第 1 期。

[57] 王克林:《陶寺文化与唐尧、虞舜——论华夏文
明的起源（下）》,《文物世界》, 2001 年第 2 期。

[58] 王克林:《再论陶寺文化与唐尧》,《中国史前考
古学研究——祝贺石兴邦先生考古半世纪暨八
秩华诞文集》，三秦出版社，2004 年。

[59] 王巍:《尧都平阳正在走出传说时代成为信史》,
《帝尧之都中国之源——尧文化暨德廉思想研
讨会论文集》，中国社会科学出版社，2015 年。

〔60〕 王震中：《陶寺与尧都：中国早期国家的典型》，《帝尧之都中国之源——尧文化暨德廉思想研讨会论文集》，中国社会科学出版社，2015年。

〔61〕 卫斯：《"陶寺遗址"与"尧都平阳"的考古学观察》，《襄汾陶寺遗址研究》，科学出版社，2007年。

〔62〕 武家璧：《出土日晷测制地的推算》，《古代文明研究通讯》第5期（2000年6月）。

〔63〕 武家璧：《从出土文物看战国时期的天文历法成就》，《古代文明》（第2卷），文物出版社，2003年。

〔64〕 武家璧、何驽：《陶寺大型建筑ⅡFJT1的天文学年代初探》，《中国社会科学院古代文明研究中心通讯》2004年第8期。

〔65〕 武家璧：《花园庄东地甲骨文中的冬至日出观象记录》，《古代文明研究通讯》2005年6月第25期。

〔66〕 武家璧：《含山玉版上的天文准线》，《东南文化》2006年第2期。

〔67〕 武家璧：《陶寺观象台与"晋"之关系》，《中国

文物报》2007 年 2 月 23 日第 7 版。

[68] 武家璧、陈美东、刘次沅:《陶寺观象台遗址的天文功能与年代》,《中国科学》(G 辑:物理学力学天文学) 2008 年第 38 卷第 9 期。

[69] 武家璧、吴卫红:《试论霍山戴家院西周圜丘遗迹》,《东南文化》2008 年第 3 期。

[70] 武家璧:《〈周易·晋卦〉与"迎日歌"》,《周易研究》2009 年第 5 期。

[71] 武家璧:《〈尧典〉的真实性及其星象的年代》,《晋阳学刊》2010 年第 5 期。

[72] 吴锐:《论"神守国"》,《齐鲁学刊》1996 年第 1 期。

[73] 吴锐:《从神守社稷守的分化看黄帝开创五千年文明史说》,吴锐主编《古史考》(第八卷),海南出版社,2003 年。

[74] 吴锐:《神守、社稷守与"儒"及儒家的产生》,黄宣民、陈寒鸣主编《中国儒学发展史》(三卷本)附录,中国文史出版社,2009 年。

[75] 萧良琼:《卜辞中的"立中"与商代的圭表测影》,《科技史文集》(第 10 辑),上海科学技术

出版社，1983 年。

［76］ 徐旭生:《1959 年夏豫西调查"夏墟"的初步报告》,《考古》1959 年第 11 期。

［77］ 徐殿魁:《龙山文化陶寺类型初探》,《中原文物》1982 年第 2 期。

［78］ 俞伟超:《秦汉的"亭"、"市"陶文》,《先秦两汉考古学论集》, 文物出版社，1985 年。

［79］ 杨向奎:《评傅孟真的〈夷夏东西说〉》,《夏史论丛》,齐鲁书社，1985 年。

［80］ 杨向奎:《论〈吕刑〉》,《管子学刊》1990 年第 2 期。

［81］ 杨向奎:《历史与神话交融的防风氏》,《传统文化与现代化》1998 年第 1 期。

［82］ 杨向奎:《论"以社以方"》,《烟台大学学报》1998 年第 4 期。

［83］ 袁家荣:《玉蟾岩获水稻起源重要新物证》,《中国文物报》1996 年 3 月 3 日。

［84］ 张京华:《古史缘何重建？——吴锐博士新著〈中国思想的起源〉读后》,《零陵学院学报》2004 年第 4 期。

［85］ 张京华：《"山川群神"新探》，《湘潭大学学报》2007年第6期。

［86］ 张之恒：《陶寺文化中的古文明因素》，《中国文物报》2005年6月14日。

［87］ 张长寿：《陶寺遗址的发现和夏文化的探索》，《文物与考古论集》（文物出版社成立三十周年纪念），文物出版社，1986年。

［88］ 张文绪、袁家荣：《湖南道县玉蟾岩古栽培稻的初步研究》，《作物学报》1998年第24卷第4期。

［89］ 周晓陆等：《于京新见秦封泥中的地理内容》，《西北大学学报（哲学社会科学版）》2005年第4期。

［90］ 郑杰祥：《试论夏代历史地理》，《夏史论丛》，齐鲁书社，1985年。

［91］ 郑杰祥：《夏史初探》，中州古籍出版社，1988年。

［92］ 邹衡：《论早期晋都》，《文物》1994年第1期。

［93］ 中国社会科学院考古研究所山西工作队、山西省考古研究所、临汾市文物局：《山西襄汾县陶寺城址发现陶寺文化大型建筑基址》，《考古》2004年第2期。

〔94〕 中国社会科学院考古研究所山西工作队、山西省考古研究所、临汾市文物局:《山西襄汾县陶寺城址祭祀区大型建筑基址 2003 年发掘简报》,《考古》2004 年第 7 期。

〔95〕 中国社会科学院考古研究所山西工作队、山西省考古研究所、临汾市文物局:《山西襄汾县陶寺中期城址大型建筑Ⅱ FJT1 基址 2004—2005 年发掘简报》,《考古》2007 年第 4 期。